# 반려동물 행동지도사 2급

## -제1회 모의고사-

| 성 명 | | 생년월일 | |
|---|---|---|---|
| 문항 수 | 100문항 | 점 수 | _____ / 100점 |

### 〈 유의사항 〉

• 문제지 및 답안지의 해당란에 문제유형, 성명, 응시번호를 정확히 기재하세요.

• 모든 기재 및 표기사항은 "컴퓨터용 흑색 수성 사인펜"만 사용합니다.

• 예비 마킹은 중복 답안으로 판독될 수 있습니다.

## 01 반려동물 행동학(20문항)

**1.** 동물행동에 영향을 미치는 요소가 아닌 것은?

① 먹이사슬
② 유전
③ 학습
④ 적응도

**2.** 성격에 따라 소형견 품종을 분류할 때 나머지 셋과 다른 하나는?

① 테리어
② 말티즈
③ 푸들
④ 비숑 프리제

**3.** 본래 기능에 따라 구분할 때 실내견이 아닌 품종은?

① 그레이 하운드
② 슈나우저
③ 볼로네즈
④ 보스턴 테리어

**4.** 장난을 즐기고 활동량이 많으며, 원래는 물에 빠진 오리 등을 건져내는 조렵견이었던 품종은?

① 비글
② 푸들
③ 셰퍼드
④ 시베리안 허스키

**5.** 반려견의 행동발달 단계 중 신생아 시기에 관한 내용으로 옳지 않은 것은?

① 충분한 수면을 통해 신경계 발달 등이 이뤄진다.
② 신생아 시기는 생후부터 눈을 뜨기까지 대략 2주간이다.
③ 스스로 배변이 가능하다.
④ 자극 등에 반응하는 것이 가능하다.

**6.** 학습의 단계를 순서대로 나열한 것은?

① 유창 → 습득 → 일반화 → 유지
② 습득 → 유창 → 일반화 → 유지
③ 습득 → 일반화 → 유창 → 유지
④ 유창 → 일반화 → 습득 → 유지

**7.** 동물이 성체가 되어도 유체의 많은 부분을 유지하고 생식기만 성숙하여 번식하는 현상을 무엇이라고 하는가?

① 촉각성숙
② 무형성숙
③ 유형성숙
④ 감정성숙

**8.** 모량이 풍부한 데다가 직모인 이중모로 타 장모종과 달리 털이 몸에 붙지 않으며 붕 떠서 솜뭉치와 같은 외모가 특징인 품종은?

① 시츄
② 포메라니안
③ 닥스훈트
④ 푸들

9. 개들의 청각을 통한 커뮤니케이션(의사소통)에 관한 설명으로 적절하지 않은 것은?

   ① 상황에 따라 짖는 방법 및 강도 등이 달라질 수 있다.
   ② 개의 청각 신호는 단거리 의사소통에 보다 효과적이다.
   ③ 전달하고자 하는 내용에 따라 시각적인 의사소통 신호가 추가되기도 한다.
   ④ 소리를 내는 방법에 따라 근거리 또는 중거리 소통이 가능하다.

10. 독일에서 유래한 견종으로, 목축을 돕기 위해 개량되었으며 영리하고 복종심이 강해 경찰견과 안내견 등 다목적 작업견으로도 널리 쓰이는 이 품종은?

   ① 저먼 셰퍼드
   ② 사모예드
   ③ 닥스훈트
   ④ 웰시 코기

11. 프랑스어로 '곱슬곱슬한 털'이라는 의미로 프랑스와 벨기에에서 반려견으로 주목받은 품종은?

   ① 시츄
   ② 퍼그
   ③ 비숑 프리제
   ④ 프렌치 불도그

12. 반려견의 감정신호에 관한 내용으로 적절하지 않은 것은?

   ① 반려견의 내부적 상태 및 감정으로부터 표출되는 일종의 보디랭귀지이다.
   ② 반려견이 어떠한 소리에 집중하거나 경계를 할 경우 귀는 전방으로 향하게 된다.
   ③ 반려견의 꼬리 표현은 우호적인 상황에서만 보이는 행동이다.
   ④ 선제공격의 위협을 가할 때 눈을 크게 뜨고 날카롭고 표정이 없으며 냉담하고 긴 시간 동안 직시한다.

13. 반려견의 의사표현과 그 의미가 잘못 연결된 것은?

   ① 킁킁거리며 바닥이나 문을 긁는다. – 흥분/즐거움
   ② 땅을 파거나 물건을 잡아당긴다. – 지루함/심심함
   ③ 목 주위 털을 빳빳이 세운다. – 경계심/화남
   ④ 짖으며 안전한 장소로 후퇴한다. – 소심/겁이 많음

14. 개의 스트레스 주요 증상으로 보기 어려운 것은?

   ① 눈을 제대로 뜨지 않거나 시선을 회피한다.
   ② 자신의 꼬리를 잡으려고 빙글빙글 돈다.
   ③ 내부 소음에 유난히 크게 반응한다.
   ④ 귀가 뒤로 젖혀져 있다.

15. 다음 중 상대적으로 털 빠짐이 적은 품종은?

   ① 웰시코기
   ② 리트리버
   ③ 슈나우저
   ④ 포메라니안

16. 견종으로 구분할 때, 실내에서 키우기 용이한 반려견으로 보기 어려운 품종은?

   ① 말티즈
   ② 치와와
   ③ 브리타니 스패니얼
   ④ 루스키 토이

17. 국제 공인 견종에 따른 5그룹(스피츠 및 프리미티브 타입)에 속하지 않는 견종은?

   ① 진돗개
   ② 알라스칸 말라뮤트
   ③ 차우차우
   ④ 오스트레일리언 셰퍼드

18. 하운드 견종에 대한 설명으로 적절하지 않은 것은?

   ① 비교적 짖음이 적은 견종이다.
   ② 자신의 주인에게는 절대적으로 복종하는 특징을 지닌다.
   ③ 하운드 견종은 사냥견으로 많은 운동량을 필요로 한다.
   ④ 냄새 또는 시야의 확보를 통해 사냥하는 견종이다.

19. 양 또는 가축 등을 모으고 보호하는 목축 및 목양 관리 목적의 견종이 속한 그룹은?

   ① 5그룹          ② 4그룹
   ③ 1그룹          ④ 7그룹

20. 물건을 던지면 개가 쏜살같이 달려가 물어오는 모습을 볼 수 있는데, 이러한 습성을 무엇이라고 하는가?

   ① 사냥본능
   ② 경계본능
   ③ 복종본능
   ④ 귀소본능

## 02 반려동물 관리학(20문항)

1. 동물의 신체 구성 단계를 순서대로 나열한 것은?

   ① 조직 → 세포 → 기관 → 기관계 → 개체
   ② 세포 → 기관 → 기관계 → 조직 → 개체
   ③ 세포 → 조직 → 기관 → 기관계 → 개체
   ④ 조직 → 기관계 → 기관 → 세포 → 개체

2. 개의 척추와 그 수의 연결이 바르지 않은 것은?

   ① 천추 – 3개
   ② 경추 – 9개
   ③ 요추 – 7개
   ④ 흉추 – 13개

3. 개의 안면을 이루는 뼈에 해당하지 않는 것은?

   ① 절치골
   ② 누골
   ③ 서골
   ④ 구개골

4. 〈보기〉가 설명하는 개의 신경계로 옳은 것은?

> ─── 보기 ───
> • 두정엽, 전두엽, 측두엽, 후두엽, 변연엽 등으로 구분
> • 좌우 반구는 교량에 의해 서로 연결

   ① 중뇌
   ② 대뇌
   ③ 소뇌
   ④ 간뇌

5. (    ) 안에 들어갈 말로 가장 적절한 것을 고르면?

> 개는 단맛과 짠맛을 혀의 앞쪽 (    ) 부분에서 느낀다.

① 1/10
② 1/4
③ 1/2
④ 2/3

6. 개의 감각기관 중 동공의 크기를 조절해 눈에 들어오는 빛의 양을 조절하는 기관은?

① 홍채
② 망막
③ 각막
④ 안방수

7. 개의 치아구조에서 혈관 및 신경이 분포되어 있어 치아성장에 필요한 것은?

① 시멘트질
② 상아질
③ 치아수
④ 에나멜질

8. 개의 소화기관 중 하나인 대장에 대한 설명으로 옳지 않은 것은?

① 결장의 길이는 대략 50 ~ 130cm이다.
② 결장은 가로결장, 오름결장, 내림결장 등으로 분류된다.
③ 맹장은 짧고 끝이 막힌 관이다.
④ 직장은 결장에 이어지는 대장의 끝부분이다.

9. 개의 감각기관에 대한 설명으로 적절하지 않은 것은?

① 동물의 체취 또는 아주 깊이 숨겨진 마약 등 사람이 구분하지 못한 부분을 개는 후각을 활용해 찾아낼 수 있다.
② 통상적으로 개는 귀 뒷부분, 목, 허리 부분 등을 만져주면 좋아하는데 이는 스스로 긁을 수 없는 부분이기 때문이다.
③ 개는 색상 구분을 도와주는 세포 수가 많아 색상을 세밀하게 관찰하고 구별할 수 있는 능력이 높다.
④ 개는 명암을 구분하는 세포 수가 많아 어두운 곳에서 물체의 윤곽을 용이하게 구별할 수 있다.

10. 개의 발바닥 쿠션에 관한 설명으로 옳지 않은 것은?

① 개의 신체에서 땀이 분비되는 곳이다.
② 재생능력이 뛰어나서 짧은 시간 내에 원래 상태로 금방 회복된다.
③ 피부의 각질층이 두꺼워진 것으로, 발에 미치는 충격을 완화시켜 준다.
④ 견종 또는 털의 컬러에 따라 분홍색에서부터 검은색까지의 다양하다.

11. 개의 비뇨기계에 관한 내용 중 옳지 않은 것은?

① 요도는 소변을 몸 밖으로 배출하는 역할을 한다.
② 암컷의 요도는 수컷에 비해 길다.
③ 방광은 소변을 일시적으로 저장한다.
④ 개의 요관 길이는 대략적으로 12 ~ 16cm 정도이다.

12. 주로 눈물, 침, 콧물 등을 통해 전파되는 반려견 질환은?

① 파보바이러스
② 디스템퍼
③ 코로나 바이러스 장염
④ 파라 인플루엔자 기관지염

**13.** 주로 개의 항문 주변에 기생하며, 벼룩 등이 매개가 되어 감염시키는 질환은?

① 조충증
② 구충증
③ 회충증
④ 편충증

**14.** 개에게 나타나는 질환 중 심장 근육이 비대해지거나 탄력이 떨어지고 확장되어 나타나는 질환은?

① 심근증
② 폐렴
③ 광견병
④ 폐동맥 협착증

**15.** 반려견 질환 중 하나인 위염에 대한 설명으로 옳지 않은 것은?

① 위의 점막에 염증이 발생해 나타나는 질병이다.
② 급성 위염의 경우 호전율이 좋은 편이다.
③ 항생제 등을 처방과 동시에 식이요법도 병행해야 한다.
④ 통상적으로 위염은 식욕부진으로 인해 마르는 형태로 나타난다.

**16.** 꽃가루, 먼지 등 알레르기를 유발시키는 물질에 의해 과민 반응이 발생하는 피부질환은?

① 개선충증
② 부신피질 기능항진증
③ 아토피성 피부염
④ 지루증

**17.** 대형견의 정상적인 맥박 수로 옳은 것은?

① 60 ~ 90회/분
② 70 ~ 100회/분
③ 80 ~ 110회/분
④ 90 ~ 120회/분

**18.** 개의 고혈압 원인으로 보기 어려운 것은?

① 갑상샘 기능항진증
② 말초혈관의 확장
③ 부신피질 기능항진증
④ 당뇨병

**19.** 강아지의 신체충실지수(BCS)에서 이상적 체중에 해당하는 단계는?

① BCS 1
② BCS 2
③ BCS 3
④ BCS 5

**20.** 반려견 미용에서 귀의 시작부에서부터 1/2 정도를 클리핑 하는 견종은?

① 코커 스패니얼
② 치와와
③ 푸들
④ 골든 리트리버

<table><tr><td>03</td><td>반려동물 훈련학(20문항)</td></tr></table>

1. 인간과의 만남, 사물 및 환경 등에 관한 적응을 하는 훈련으로 개의 성격 및 무난한 사회성을 기르기 위한 반려견 훈련을 무엇이라고 하는가?

① 중등 훈련
② 기초 훈련
③ 조기 훈련
④ 고등 훈련

2. 반려견 교육규칙에 대한 내용으로 옳지 않은 것은?

① 특정한 조건에 반응을 보이거나 익숙해지게 하는 훈련을 컨디셔닝이라고 한다.
② 훈련 시간이 재미있고, 흥미를 가질 수 있게 해야 한다.
③ 훈련 시 명령어, 수신호 등은 동일해야 한다.
④ 집중력을 높이기 위해 1시간 이상 훈련하는 것이 효과적이다.

3. 본래 보상이 아닌 보상을 본래 보상과 함께 제공할 때 강화인자로 작용하는 2차적 보상은?

① 강화의 타이밍
② 이차적 강화인자
③ 플러스 강화
④ 강화스케줄

4. 반려견의 본능적인 강화체가 아닌 것은?

① 장난감
② 위험회피
③ 번식
④ 음식

5. 반려견 훈련의 기술에서 개가 능동적으로 자연스럽게 하는 행동을 표시하고 강화하는 과정을 무엇이라고 하는가?

① 캡쳐링
② 몰딩
③ 타게팅
④ 루어링

6. 반려견 교육의 각 단계에 대한 설명으로 옳지 않은 것은?

① 습득화 단계 – 반려견이 행동을 처음으로 익히는 단계
② 유창화 단계 – 보상을 기대하나, 반려견 스스로 행동이 일어나지 않는 단계
③ 일반화 단계 – 다양한 환경에서도 지시에 의해 행동이 나타나는 단계
④ 유지화 단계 – 학습된 행동으로 인해 계속적인 교육을 하는 단계

7. 리드 줄 트레이닝의 응용 방법으로 적절하지 않은 것은?

① 반려견과 함께 이동하면서 문제의 원인이 되는 것을 차단한다.
② 이동할 때 반려견이 원하는 방향으로 이동한다.
③ 반려견이 옆에서 잘 따라오면 냄새를 맡을 수 있도록 줄을 느슨하게 풀어준다.
④ 사람의 보폭에 맞춰 따라오도록 유도한다.

**8.** 훈련 도구 중 하나인 리드 줄은 길이에 의해 그 용도가 다르다. 원거리의 대기 훈련 등에 활용하며 훈련 경기 대화의 규정 리드 줄의 길이는?

① 5m
② 7m
③ 10m
④ 15m

**9.** 반려견 풍부화 5가지 요소가 아닌 것은?

① 사회적 요소
② 환경적 요소
③ 감각적 요소
④ 경제적 요소

**10.** 반려견 훈련 중 '이름 인식' 교육 방법에 대한 내용으로 옳지 않은 것은?

① 반려견의 이름을 부를 때에는 높고 밝은 목소리로 불러주고, 가까이 오면 간식으로 칭찬한다.
② 반려견이 이름을 불러서 왔을 때는 보상을 해 주지 않거나, 싫어하는 행동을 해서는 안 된다.
③ 시간과 장소를 가리지 말고 수시로 반려견의 이름을 다정하게 불러준다.
④ 반려견의 이름을 부른 뒤에는 '잘했어', '좋아' 등의 말을 붙인다.

**11.** 반려견이 싫어하는 리더(보호자)의 행동이 아닌 것은?

① 고정적인 생활패턴으로 반려견과 오랜 시간을 보내는 행동
② 반려견이 잘못하면 소리치거나 또는 체벌 등을 통해 반려견을 대하는 행동
③ 가족 구성원끼리 큰 소리로 싸우거나 말다툼하는 행동
④ 기분 상태에 따라서 반려견을 대하는 태도 또는 감정 등이 달라지는 행동

**12.** 반려견의 이상행동에 해당하지 않는 것은?

① 고유의 행동을 보이지 않는 경우
② 동물 종으로서 본래 갖고 있지 않은 행동을 하는 경우
③ 고유의 행동의 표현이지만, 행동의 빈도와 강도가 비정상적으로 높거나 낮은 경우
④ 특정 행동을 문제시하는 사람이 존재하는 경우

**13.** 가정 내에서 서로의 우열관계에 대한 인식이 부족하여 일어나는 개들 간의 공격행동 또는 집 밖에서 위협이나 해를 가할 의지가 없다고 생각되는 타견에게 보이는 공격행동을 무엇이라고 하는가?

① 아픔에 의한 공격행동
② 영역성 공격행동
③ 동종 간 공격행동
④ 포식성 공격행동

14. 보호자가 없을 때 보이는 쓸데없이 짖기 또는 멀리서 짖기, 파괴적 행동 등과 같은 생리학적 증상은?

① 불안 기질
② 공포증
③ 파괴증
④ 분리불안

15. 반응을 일으키기에 충분한 강도의 자극을 오랫동안 반복적으로 노출하여 반려견이 더 이상 반응하지 않게 하는 교정법은?

① 탈감작
② 인식개선
③ 홍수법
④ 순화

16. 핸들러 용어에 관한 설명이 바르게 연결되지 않은 것은?

① 쇼턴(show turn) – 개를 축으로 해서 작게 원을 돌며 핸들러는 바깥 원으로 약간의 스피드를 내며 도는 방법
② 스택킹(stacking) – 쇼 링에서 개가 가장 잘 보일 수 있는 자세로 세우는 작업
③ 도그(dog) – 통상적으로 개를 의미하며 수컷을 가리키는 경우
④ 보드(board) 보딩(boarding) – 삐삐소리 등의 음을 내는 장난감의 총칭

17. 공에 줄이 달려 있어서 개가 공을 활용해 더미 놀이를 할 수 있으며 동시에 공을 용이하게 조절할 수 있는 공은?

① 찰고무공
② 라텍스 공
③ 자석 공
④ 스테인리스공

18. 일반적으로 개들에게는 3단계의 공간적, 거리 영역이 있는데 이에 해당하지 않는 것은?

① 안전영역
② 경계영역
③ 공포영역
④ 불안영역

19. 긍정강화 교육 중 개에게서 특정 강화물을 제거하는 것을 무엇이라고 하는가?

① 부정 강화
② 벌
③ 소거
④ 정적 강화

20. '이리와' 교육 방법에 대한 내용으로 옳지 않은 것은?

① 자리를 멀리 이동하면서 강아지 이름을 불렀을 때 강아지가 잘 따라오는지 확인하고, 잘 따라오지 않을 경우 간식으로 유인한다.
② 이름을 부를 때 잘 따라온다면, 강아지에게 등을 보인 채 이름을 불렀을 때 바로 보호자 앞으로 오는지 확인한다.
③ 간식으로 유도하지 않은 상황에서 불렀을 때 강아지가 바로 온다면 아낌없이 칭찬을 해주고 간식으로 교육을 마무리한다.
④ 어깨와 허리를 약간 숙인 상태에서 양팔을 벌리며 강아지 이름을 부르는데, 이때 손을 강아지 쪽으로 내밀면 안 된다.

**04**　　직업윤리 및 법률(20문항)

**1.** 「동물보호법」 제2조 정의에 대한 설명으로 옳지 않은 것은?

① '기질평가'는 동물의 건강상태, 행동 양태 및 소유자 등의 통제능력 등을 종합적으로 분석하여 평가 대상 동물의 공격성을 판단하는 것을 말한다.

② '동물실험시행기관'은 동물실험을 실시하는 법인·단체 또는 기관으로서 대통령령으로 정하는 법인·단체 또는 기관을 말한다.

③ '반려동물'은 반려의 목적으로 기르는 개, 고양이 등 대통령령으로 정하는 동물을 말한다.

④ '동물 학대'는 동물을 대상으로 정당한 사유 없이 불필요하거나 피할 수 있는 고통과 스트레스를 주는 행위 및 굶주림, 질병 등에 대하여 적절한 조치를 게을리 하거나 방치하는 행위를 말한다.

**2.** 「동물보호법」상 농림축산식품부 장관은 동물의 적정한 보호·관리를 위하여 몇 년마다 동물복지종합계획을 수립·시행하여야 하는가?

① 2년

② 3년

③ 4년

④ 5년

**3.** 「소비자기본법」상 소비자의 기본적 권리에 대한 설명으로 옳지 않은 것은?

① 합리적인 소비생활을 위하여 필요한 교육을 받을 권리

② 소비자 스스로의 권익을 증진하기 위하여 단체를 조직하지 않고 활동할 수 있는 권리

③ 안전하고 쾌적한 소비생활 환경에서 소비할 권리

④ 물품 등을 선택함에 있어서 필요한 지식 및 정보를 제공받을 권리

**4.** 「소비자 기본법」상 사업자의 책무에 관한 설명으로 옳지 않은 것은?

① 사업자는 소비자의 개인정보가 분실·도난·누출·변조 또는 훼손되지 아니하도록 그 개인정보를 성실하게 취급하여야 한다.

② 사업자는 물품 등의 하자로 인한 소비자의 불만이나 피해를 해결하거나 보상하여야 하며 단, 채무불이행 등으로 인한 소비자의 손해는 배상하지 않아도 된다.

③ 사업자는 소비자에게 물품 등에 대한 정보를 성실하고 정확하게 제공하여야 한다.

④ 사업자는 물품 등으로 인하여 소비자에게 생명·신체 또는 재산에 대한 위해가 발생하지 아니하도록 필요한 조치를 강구하여야 한다.

**5.** 「수의사법」 제2조 정의에 대한 설명으로 옳지 않은 것은?

① '동물'은 소, 말, 돼지, 양, 개, 토끼, 고양이, 조류(鳥類), 꿀벌, 수생동물, 그 밖에 국무총리령으로 정하는 동물을 말한다.

② '동물보건사'는 동물병원 내에서 수의사의 지도 아래 동물의 간호 또는 진료 보조 업무에 종사하는 사람으로서 농림축산식품부 장관의 자격 인정을 받은 사람을 말한다.

③ '수의사'는 수의 업무를 담당하는 사람으로서 농림축산식품부 장관의 면허를 받은 사람을 말한다.

④ '동물진료업'은 동물을 진료하거나 동물의 질병을 예방하는 업을 말한다.

**6.** ( ) 안에 들어갈 말로 가장 적절한 것은?

> 수의사는 제1항에 따라 처방전을 발급할 때에는 수의사 처방 관리시스템을 통하여 처방전을 발급하여야 한다. 다만, 전산장애, 출장 진료 그 밖에 대통령령으로 정하는 부득이한 사유로 수의사 처방 관리시스템을 통하여 처방전을 발급하지 못할 때에는 농림축산식품부령으로 정하는 방법에 따라 처방전을 발급하고 부득이한 사유가 종료된 날부터 ( ) 이내에 처방전을 수의사 처방 관리시스템에 등록하여야 한다.

① 1일
② 2일
③ 3일
④ 4일

**7.** 일반적인 직업윤리의 내용으로 옳지 않은 것은?

① 직분의식은 스스로가 하고 있는 일이 사회나 기업을 위해 중요한 역할을 하고 있다고 믿고 스스로의 활동을 수행하는 태도를 의미한다.
② 소명의식은 스스로가 맡은 일은 하늘에 의해 맡겨진 일이라고 생각하는 태도를 의미한다.
③ 천직의식은 직업 활동을 통해 타인과 공동체에 대해 봉사하는 정신을 갖추고 실천하는 태도를 의미한다.
④ 책임의식은 직업에 대한 사회적 역할 및 책무 등을 충실히 수행하고 책임을 다하는 태도를 의미한다.

**8.** 「동물보호법」상 반려동물의 영업에 관한 내용 중 영업자 등의 준수사항으로 옳지 않은 것은?

① 노화나 질병이 있는 동물을 유기하거나 폐기할 목적으로 거래할 것
② 동물의 분뇨, 사체 등은 관계 법령에 따라 적정하게 처리할 것
③ 동물을 안전하고 위생적으로 사육·관리 또는 보호할 것
④ 농림축산식품부령으로 정하는 영업장의 시설 및 인력 기준을 준수할 것

**9.** 「동물보호법」상 500만 원 이하의 과태료에 해당하지 않는 것은?

① 교육이수명령 또는 개의 훈련 명령에 따르지 아니한 소유자
② 영업별 시설 및 인력 기준을 준수하지 아니한 영업자
③ 윤리위원회를 설치·운영하지 아니한 동물실험시행기관의 장
④ 정당한 사유 없이 실험 중지 요구를 따르지 아니하고 동물실험을 한 동물실험시행기관의 장

10. 「소비자기본법」상 소비자의 능력 향상에 관한 내용으로 옳지 않은 것은?

① 국가 및 지방자치단체는 소비자교육과 학교교육·평생교육을 연계하여 교육적 효과를 높이기 위한 시책을 수립·시행하여야 한다.

② 국가 및 지방자치단체는 소비자의 능력을 효과적으로 향상시키기 위한 방법으로 「방송법」에 따른 방송사업을 할 수 있다.

③ 소비자교육의 방법 등에 관하여 필요한 사항은 국무총리령으로 정한다.

④ 국가 및 지방자치단체는 경제 및 사회의 발전에 따라 소비자의 능력 향상을 위한 프로그램을 개발하여야 한다.

11. 「소비자기본법」상 소비자 정책위원회의 내용으로 옳지 않은 것은?

① 위촉위원의 임기는 2년으로 한다.

② 위원장은 국무총리와 소비자 문제에 관하여 학식과 경험이 풍부한 자 중에서 대통령이 위촉하는 자가 된다.

③ 정책위원회의 사무를 처리하기 위하여 공정거래위원회에 사무국을 두고, 그 조직·구성 및 운영 등에 필요한 사항은 대통령령으로 정한다.

④ 정책위원회의 효율적 운영 및 지원을 위하여 정책위원회에 간사위원 1명을 두며, 간사위원은 공정거래위원회 위원장이 된다.

12. 「수의사법」상 농림축산식품부 장관은 동물 의료의 육성·발전 등에 관한 종합계획을 몇 년마다 수립·시행하여야 하는가?

① 1년

② 3년

③ 5년

④ 7년

13. 「수의사법」상 동물보건사 자격시험에 관한 사항으로 옳지 않은 것은?

① 동물보건사 자격시험은 매년 농림축산식품부 장관이 시행한다.

② 농림축산식품부 장관은 자격시험의 관리를 위탁한 때에는 그 관리에 필요한 예산을 보조할 수 있다.

③ 농림축산식품부 장관은 동물보건사 자격시험의 관리를 대통령령으로 정하는 바에 따라 시험 관리 능력이 있다고 인정되는 관계 전문기관에 위탁할 수 있다.

④ 규정한 사항 외에 동물보건사 자격시험의 실시 등에 필요한 사항은 보건복지부령으로 정한다.

**14.** 직업윤리의 5대 원칙이 아닌 것은?

① 전문성의 원칙

② 공정경쟁의 원칙

③ 고객중심의 원칙

④ 주관성의 원칙

**15.** 「소비자기본법」상 소비자권익 증진시책에 대한 협력의 내용으로 옳지 않은 것은?

① 사업자는 공공단체 및 정부의 중간상 권익증진과 관련된 업무의 추진에 필요한 자료 및 정보제공 요청에 적극 협력하여야 한다.

② 사업자는 국가 및 지방자치단체의 소비자권익 증진시책에 적극 협력하여야 한다.

③ 사업자는 소비자의 생명·신체 또는 재산 보호를 위한 국가·지방자치단체 및 한국소비자원의 조사 및 위해방지 조치에 적극 협력하여야 한다.

④ 사업자는 안전하고 쾌적한 소비생활 환경을 조성하기 위하여 물품 등을 제공함에 있어서 환경친화적인 기술의 개발과 자원의 재활용을 위하여 노력하여야 한다.

**16.** 「수의사법」상 수의사가 동물소유자 등에게 설명하고 동의를 받아야 할 사항으로 적절하지 않은 것은?

① 수술 등 중대 진료의 필요성, 방법 및 내용

② 수술 등 중대 진료에 따라 전형적으로 발생이 예상되는 후유증 또는 부작용

③ 수술 등 중대 진료에 대한 금액처리사항

④ 동물에게 발생하거나 발생 가능한 증상의 진단명

**17.** 「동물보호법」상 반려동물행동지도사의 업무에 대한 내용으로 옳지 않은 것은?

① 반려동물에 대한 훈련

② 반려동물에 대한 행동분석 및 평가

③ 반려동물행동지도에 필요한 사항으로 대통령령으로 정하는 업무

④ 반려동물 소유자 등에 대한 교육

18. 「소비자기본법」상 소비자 단체의 업무로 옳지 않은 것은?

① 소비자 문제에 관한 조사 · 연구

② 판매자의 교육

③ 소비자의 불만 및 피해를 처리하기 위한 상담 · 정보제공 및 당사자 사이의 합의의 권고

④ 국가 및 지방자치 단체의 소비자의 권익과 관련된 시책에 대한 건의

19. 「동물보호법」상 동물복지축산농장의 인증에 관한 내용으로 옳지 않은 내용은?

① 농림축산식품부장관은 동물복지 증진에 이바지하기 위하여 농림축산식품부령으로 정하는 동물이 본래의 습성 등을 유지하면서 정상적으로 살 수 있도록 관리하는 축산농장을 동물복지축산농장으로 인증할 수 있다.

② 인증기관은 인증 신청을 받은 경우 농림축산식품부령으로 정하는 인증기준에 따라 심사한 후 그 기준에 맞는 경우에는 인증하여 주어야 한다.

③ 인증농장의 인증 절차 및 인증의 갱신, 재심사 등에 관한 사항은 농림축산식품부령으로 정한다.

④ 인증의 유효기간은 인증을 받은 날부터 5년으로 한다.

20. 「소비자기본법」상 소비자 안전센터의 업무로 옳지 않은 것은?

① 소비자 안전과 관련된 교육 및 홍보

② 판매자 안전에 관한 국제협력

③ 소비자 안전을 확보하기 위한 조사 및 연구

④ 위해 물품 등에 대한 시정 건의

---

## 05 보호자 교육 및 상담(20문항)

1. 견종 매칭 포인트에 대한 설명으로 적절하지 않은 것은?

① 통상적으로 견종은 장모종, 중 · 장모, 단모종으로 구분된다.

② 견종의 선택에 있어 모질에 관한 부분도 참고된다.

③ 장모종의 경우 단모종에 비해 털 빠짐이 적어 관리가 수월하고 털 손질도 필요 없다.

④ 단모종의 경우 털이 많이 빠지므로 틈틈이 청소해 위생 및 청결에 힘써야 한다.

2. 강아지를 입양한 후 일주일 동안 해야 하는 일로 적절하지 않은 것은?

① 입양 전 강아지가 사용한 물품은 버리고 입양 후의 물품으로 바꿔주면 적응하는 데 도움이 된다.

② 대소변에 관한 훈련은 강아지가 입양되어 집에 온 날부터 한다.

③ 강아지를 만지는 행동은 강아지 입장에서는 스트레스로 작용할 수 있기 때문에 주의한다.

④ 조용한 환경에서 강아지가 적응할 수 있는 시간을 준다.

3. 커뮤니케이션의 특징으로 옳지 않은 것은?

① 서로의 행동에 영향을 미친다.

② 수단과 형식 등이 고정적이다.

③ 정보를 교환하며, 그에 따른 의미를 부여한다.

④ 순기능 및 역기능이 존재한다.

4. 커뮤니케이션 과정 중 말하고자 하는 내용을 수신하지 못하거나 또는 발신인의 의도하고는 전혀 상관없는 메시지로 이해하게 되는 단계는?

① 해독
② 메시지
③ 부호화
④ 소음

5. 커뮤니케이션에 대한 수신자 장애요인으로 옳지 않은 것은?

① 신뢰도의 결핍
② 반응적 피드백의 부족
③ 정보의 여과
④ 평가적 경향

6. 대인 커뮤니케이션에 대한 내용으로 적절하지 않은 것은?

① 즉시적인 피드백의 양은 많다.
② 수용자들의 선별적인 노출의 정도는 많다.
③ 커뮤니케이션의 상황은 대면적이다.
④ 메시지의 흐름은 대체로 일방적이다.

7. 설득의 기본원칙으로 옳지 않은 것은?

① 동기 유발하기
② 경청하기
③ 칭찬 및 감사의 말 표현하기
④ 모호한 메시지 전달하기

8. 다음은 A 변호사가 의뢰자 B에게 하는 커뮤니케이션의 스킬을 나타낸 것이다. 대화를 읽고 A 변호사의 커뮤니케이션 스킬에 대한 내용으로 거리가 먼 것을 고르시오.

> A : "좀 꺼내기 어려운 얘기지만 방금 말씀하신 변호사 보수에 대해 저희 사무실 입장을 솔직히 말씀드려도 될까요?"
> B : "네, 그러세요."
> A : "통상 중형법률사무소 변호사들의 시간당 단가가 20만 원 내지 40만 원 정도 사이입니다. 이 사건에 투입될 변호사는 3명이고 그 3명의 시간당 단가는 20만 원, 25만 원, 30만 원이며 변호사별로 약 ○○ 시간 동안 이 일을 하게 될 것 같습니다. 그렇다면 전체적으로 저희 사무실에서 투여되는 비용은 800만 원 정도인데, 지금 의뢰인께서 말씀하시는 300만 원의 비용만을 받게 된다면 저희들은 약 500만 원 정도의 손해를 볼 수밖에 없습니다."
> B : "그렇군요."
> A : "그 정도로 손실을 보게 되면 저는 대표 변호사님이나 선배 변호사님들께 다른 사건을 두고 왜 이 사건을 진행해서 전체적인 사무실 수익성을 악화시켰냐는 질책을 받을 수 있습니다. 어차피 법률사무소도 수익을 내지 않으면 힘들다는 것은 이해하실 수 있으시겠죠?"
> B : "네, 이해합니다."
> A : "어느 정도 비용을 보장해 주셔야 저희 변호사들이 힘을 내서 일을 할 수 있고, 사무실 차원에서도 제가 전폭적인 지원을 이끌어낼 수 있습니다. 이는 귀사를 위해서도 바람직할 것이라 여겨집니다."
> B : "네."
> A : "너무 제 입장만 말씀 드린 거 같습니다. 제 의견에 대해 어떻게 생각하시는지요?"
> B : "듣고보니 맞는 말씀이네요."

① 상대에게 솔직하다는 느낌을 전달할 수 있다.
② 상대가 나의 입장과 감정을 전달해서 상호 이해를 돕는다.
③ 상대는 나의 느낌을 수용하며, 자발적으로 스스로의 문제를 해결하고자 하는 의도를 가진다.
④ 상대는 변명하려 하거나 반감, 저항, 공격성을 보인다.

9. 고객의 기대에 관한 영향요인의 내용 중 고객의 내적요인으로만 바르게 묶인 것을 고르면?

> ㉠ 시간적인 제약
> ㉡ 고객의 정서적인 상태
> ㉢ 관여도
> ㉣ 환경적인 조건
> ㉤ 개인적인 욕구
> ㉥ 과거 서비스 경험

① ㉠, ㉡, ㉢
② ㉠, ㉢, ㉤
③ ㉡, ㉢, ㉣
④ ㉢, ㉤, ㉥

10. 다음은 공통된 질문형태에 관련한 내용과 가장 거리가 먼 것은?

> • 유기견 문제를 줄이기 위해 어떤 노력이 필요하다고 생각하시나요?
> • 반려동물 등록제에 대해 어떻게 생각하시나요?
> • 공공장소에 반려동물을 동반할 때 가장 중요한 예절이 무엇이라고 생각하시나요?

① 응답자들에게 충분한 자기표현의 기회를 제공해 다양한 응답의 취득이 가능하다.
② 응답의 범위가 따로 정해지지 않고 자유로운 응답이 가능하므로 이로 인한 코딩이 어려우며, 분석 또한 어렵다.
③ 주관식 질문형태이다.
④ 이분형의 질문과 선다형의 질문이 있다.

**11.** 다음 대화의 질문형태에 대한 내용으로 옳지 않은 것은?

> A : 우리 오늘 바람 쐬러 어디로 갈까?
>
> B : 글쎄?
>
> A : 기차타고 바다 보러 갈까?
>
> B : 난 움직이기 싫어, 귀찮아.
>
> A : 그럼 운동할 겸 산에 갈까? 이 중에서 네가 선택해 봐.
>
> B : 글쎄, 난 다 싫은데…

① 이분형의 질문과 선다형의 질문이 있다.

② 응답이 용이하고 분석이 쉽다.

③ 응답자에게 충분한 자기표현의 기회를 제공해 사실적이면서 현장감 있는 응답의 취득이 가능하다.

④ 응답자들의 생각을 모두 반영한다고 할 수 없다.

**12.** 고객에 대한 컴플레인 응대 단계 중 '경청' 부분에 대한 내용으로 옳지 않은 것은?

① 선입견을 유지하고 기업의 입장에서 고객들의 불평불만을 생각하고 문제를 파악한다.

② 부드러운 표현을 활용해사 고객들의 불평불만을 빠르게 접수하도록 한다.

③ 고객 스스로가 그들의 불평불만을 모두 말할 수 있도록 한다.

④ 고객이 불평불만을 가질 경우 구성원들은 스스로의 의견을 개입시키지 말고 전반적인 사항을 듣는다.

**13.** 컴플레인 처리 시의 주의사항으로 적절하지 않은 것은?

① 고객에 대한 선입관을 지니지 않는다.

② 품위를 지키며, 고객을 무시하지 않기 위해 전문적인 언어를 사용한다.

③ 고객의 입장에서 정성을 다하는 자세로 임한다.

④ 친절하고 상냥하게 침착하게 대응한다.

**14.** 말에 의한 의사소통의 설명으로 옳지 않은 것은?

① 개인적인 상호작용이 불가능하다.

② 메시지의 왜곡이 가능하다.

③ 공식적 기록이 없다.

④ 빠른 피드백이 가능하다.

**15.** 의사소통의 목적과 거리가 먼 것을 고르면?

① 사회적인 만족

② 신체적인 욕구

③ 정체성의 욕구

④ 경제적인 풍요

**16.** 서비스 품질 모형의 5가지 품질 차원으로 옳지 않은 것은?

① 대응성
② 공감성
③ 신뢰성
④ 무형성

**17.** 감성지능의 구성요소 중 사회적 역량에 해당하는 것을 모두 고르면?

> ㉠ 공감
> ㉡ 사회적 기술
> ㉢ 동기부여
> ㉣ 자기인식
> ㉤ 자기규제

① ㉠, ㉡
② ㉠, ㉢
③ ㉣, ㉤
④ ㉡, ㉢, ㉣

**18.** 반려동물 문제행동의 발생요인 중 1차 요인에 속하는 것을 모두 고르면?

> ㉠ 신체적 특성
> ㉡ 유전적 기질
> ㉢ 생활환경 보호자
> ㉣ 부적절한 경험
> ㉤ 학습기회의 부족

① ㉠, ㉡
② ㉡, ㉣
③ ㉢, ㉤
④ ㉣, ㉤

**19.** 다음 중 가장 높은 수준의 경청 방법은 무엇인가?

① 촉진적 경청
② 공감적 경청
③ 적극적 경청
④ 사실만 경청

**20.** 감성지능(emotional intelligence)에 관한 내용으로 옳지 않은 것은?

① 감성지능은 지능(intelligence)이라는 개념에 대비되는 말이다.
② 인간의 감정 및 느낌 등을 인지하며 통제하고 조절하는 것과 관련된 능력으로 정의된다.
③ 지능의 경우에는 이성적이면서 합리적으로 사고하는 능력을 의미하고 이해력, 기억력, 추리력, 계산력 등을 포함한다.
④ 감성지능은 인내심, 지구력, 충동, 억제력 등을 포함하지 않는다.

# 반려동물
# 행동지도사
## 봉투모의고사

성 명

(자필성명)

생 년 월 일

| | | | | | | | |
|---|---|---|---|---|---|---|---|
| ⓪ | ⓪ | ⓪ | ⓪ | ⓪ | ⓪ | ⓪ | ⓪ |
| ① | ① | ① | ① | ① | ① | ① | ① |
| ② | ② | ② | ② | ② | ② | ② | ② |
| ③ | ③ | ③ | ③ | ③ | ③ | ③ | ③ |
| ④ | ④ | ④ | ④ | ④ | ④ | ④ | ④ |
| ⑤ | ⑤ | ⑤ | ⑤ | ⑤ | ⑤ | ⑤ | ⑤ |
| ⑥ | ⑥ | ⑥ | ⑥ | ⑥ | ⑥ | ⑥ | ⑥ |
| ⑦ | ⑦ | ⑦ | ⑦ | ⑦ | ⑦ | ⑦ | ⑦ |
| ⑧ | ⑧ | ⑧ | ⑧ | ⑧ | ⑧ | ⑧ | ⑧ |
| ⑨ | ⑨ | ⑨ | ⑨ | ⑨ | ⑨ | ⑨ | ⑨ |

| 01 반려동물 행동학 | | 02 반려동물 관리학 | | 03 반려동물 훈련학 | | 04 직업윤리 및 법률 | | 05 보호자 교육 및 상담 | |
|---|---|---|---|---|---|---|---|---|---|
| 1 | ① ② ③ ④ | 21 | ① ② ③ ④ | 41 | ① ② ③ ④ | 61 | ① ② ③ ④ | 81 | ① ② ③ ④ |
| 2 | ① ② ③ ④ | 22 | ① ② ③ ④ | 42 | ① ② ③ ④ | 62 | ① ② ③ ④ | 82 | ① ② ③ ④ |
| 3 | ① ② ③ ④ | 23 | ① ② ③ ④ | 43 | ① ② ③ ④ | 63 | ① ② ③ ④ | 83 | ① ② ③ ④ |
| 4 | ① ② ③ ④ | 24 | ① ② ③ ④ | 44 | ① ② ③ ④ | 64 | ① ② ③ ④ | 84 | ① ② ③ ④ |
| 5 | ① ② ③ ④ | 25 | ① ② ③ ④ | 45 | ① ② ③ ④ | 65 | ① ② ③ ④ | 85 | ① ② ③ ④ |
| 6 | ① ② ③ ④ | 26 | ① ② ③ ④ | 46 | ① ② ③ ④ | 66 | ① ② ③ ④ | 86 | ① ② ③ ④ |
| 7 | ① ② ③ ④ | 27 | ① ② ③ ④ | 47 | ① ② ③ ④ | 67 | ① ② ③ ④ | 87 | ① ② ③ ④ |
| 8 | ① ② ③ ④ | 28 | ① ② ③ ④ | 48 | ① ② ③ ④ | 68 | ① ② ③ ④ | 88 | ① ② ③ ④ |
| 9 | ① ② ③ ④ | 29 | ① ② ③ ④ | 49 | ① ② ③ ④ | 69 | ① ② ③ ④ | 89 | ① ② ③ ④ |
| 10 | ① ② ③ ④ | 30 | ① ② ③ ④ | 50 | ① ② ③ ④ | 70 | ① ② ③ ④ | 90 | ① ② ③ ④ |
| 11 | ① ② ③ ④ | 31 | ① ② ③ ④ | 51 | ① ② ③ ④ | 71 | ① ② ③ ④ | 91 | ① ② ③ ④ |
| 12 | ① ② ③ ④ | 32 | ① ② ③ ④ | 52 | ① ② ③ ④ | 72 | ① ② ③ ④ | 92 | ① ② ③ ④ |
| 13 | ① ② ③ ④ | 33 | ① ② ③ ④ | 53 | ① ② ③ ④ | 73 | ① ② ③ ④ | 93 | ① ② ③ ④ |
| 14 | ① ② ③ ④ | 34 | ① ② ③ ④ | 54 | ① ② ③ ④ | 74 | ① ② ③ ④ | 94 | ① ② ③ ④ |
| 15 | ① ② ③ ④ | 35 | ① ② ③ ④ | 55 | ① ② ③ ④ | 75 | ① ② ③ ④ | 95 | ① ② ③ ④ |
| 16 | ① ② ③ ④ | 36 | ① ② ③ ④ | 56 | ① ② ③ ④ | 76 | ① ② ③ ④ | 96 | ① ② ③ ④ |
| 17 | ① ② ③ ④ | 37 | ① ② ③ ④ | 57 | ① ② ③ ④ | 77 | ① ② ③ ④ | 97 | ① ② ③ ④ |
| 18 | ① ② ③ ④ | 38 | ① ② ③ ④ | 58 | ① ② ③ ④ | 78 | ① ② ③ ④ | 98 | ① ② ③ ④ |
| 19 | ① ② ③ ④ | 39 | ① ② ③ ④ | 59 | ① ② ③ ④ | 79 | ① ② ③ ④ | 99 | ① ② ③ ④ |
| 20 | ① ② ③ ④ | 40 | ① ② ③ ④ | 60 | ① ② ③ ④ | 80 | ① ② ③ ④ | 100 | ① ② ③ ④ |

SEOWONGAK

서원각

# 반려동물 행동지도사 2급

## [제1회 정답 및 해설]

| 01 | 반려동물 행동학 | | | | | | | | |
|----|----|----|----|----|----|----|----|----|----|
| 1 | ① | 2 | ④ | 3 | ① | 4 | ② | 5 | ③ |
| 6 | ② | 7 | ③ | 8 | ② | 9 | ② | 10 | ① |
| 11 | ③ | 12 | ③ | 13 | ① | 14 | ③ | 15 | ③ |
| 16 | ③ | 17 | ④ | 18 | ② | 19 | ③ | 20 | ① |

## 1 ①

① 동물행동에 영향을 미치는 요소로는 적응도, 학습, 동기부여, 동물의 감각, 진화 및 유전 등이 있다.

## 2 ④

④ 비숑 프리제(bichon frise)는 조용한 성격의 품종이다.
①②③ 활발한 성격의 품종이다.
※ 성격에 따른 소형견 품종 구분

| 구분 | 내용 |
|------|------|
| 스포츠독 | 보더콜리, 미니어처 슈나우저, 웰시 코기, 셰틀랜드 쉽독, 브리타니 스패니얼 등 |
| 활발한 성격 | 말티즈, 푸들, 요크셔 테리어, 치와와, 에어데일 테리어, 보스턴 테리어, 미니어처 닥스훈트 등 |
| 조용한 성격 | 시츄, 비숑 프리제, 퍼그, 카바리에 킹 찰스 스패니얼 등 |

## 3 ①

기능에 따른 품종 구분

| 구분 | 내용 |
|------|------|
| 실내견 | 슈나우저, 볼로네즈, 보스턴 테리어, 말티즈 등 |
| 경주견 | 코커 스패니얼, 골든 리트리버, 잉글리시 포인터, 래브라도 리트리버 등 |
| 수렵견 | 닥스훈트, 그레이 하운드 등 |
| 경비견 | 복서, 도베르만, 카네코르소 등 |
| 목양견 | 저먼 셰퍼드, 보더 콜리, 셰틀랜드 쉽독 등 |

※ 코커 스패니얼은 본래 기능은 수렵견(특히 들새 사냥용)이었으나 현대에서는 실내견으로 분류되기도 한다.

## 4 ②

② 푸들은 장난을 즐기고 활동량이 많으며, 물에 빠진 오리 등을 건져내는 조렵견이었다. 활동량도 많고 불임성도 좋다. 다만, 관심 받기를 좋아하여 혼자 오래 둘 경우 분리 불안 증상을 보일 수 있다.

## 5 ③

③ 신생아 시기에는 스스로 배변하지 못하므로 어미견이 약 3주간 핥으며 배변을 유도하고 닦아낸다.

## 6 ②

② 학습의 단계는 새로운 행동을 얻는 '습득' → 새로운 행동이 숙달되는 '유창' → 습득한 행동을 다양한 환경에서 동일하게 수행하는 '일반화' → 습득한 행동을 기억하고 저장하는 '유지' 순으로 이루어진다.

## 7 ③

③ 유형성숙은 진화생물학 용어로는 neoteny(네오테니)로 불리는데, 이는 동물이 성체가 되어도 유체의 많은 부분을 유지하고 생식기만 성숙하여 번식하는 현상을 의미한다.

## 8 ②

② 포메라니안(pomeranian)은 모량이 아주 풍성하며 스피츠 계열로 직모인 이중모를 가지고 있다. 다른 장모종과 달리 털이 몸에 붙지 않고 솜뭉치와 같은 인상을 준다.

## 9 ②

청각신호는 장거리 의사소통에 있어 효과적이다. 단거리에서는 시각 신호가 보다 효과적이다.

## 10 ①

① 저먼 셰퍼드 : 19세기 말 독일에서 양치기 개, 즉 목양견 (herding dog)으로 처음 육종된 견종이다. 뛰어난 지능과 충성심, 순발력을 바탕으로 이후 전 세계에서 경찰견, 군견, 안내견, 탐지견, 구조견 등 다목적 작업견으로 널리 사용되고 있다.

② 사모예드 : 북극 지역 흰색 스피츠로, 러시아 북부와 시베리아 지역에 살던 사모예드 족의 명칭에서 유래된 썰매견, 반려견이다.

③ 닥스훈트 : 후각이 우수하며 열정과 인내심을 두루 갖추고 민첩하게 움직이는 사냥견이다.

④ 웰시코기 : 웨일스 지방의 목양견이나, 저먼 셰퍼드처럼 다목적 작업견은 아니다.

## 11 ③

③ 비숑 프리제는 하얗고 곱슬곱슬한 털로 온 몸을 뒤덮고 있으며, 프랑스와 벨기에에서 반려견으로 각광받기도 하였다. 이러한 비숑 프리제의 경우 털 관리를 잘 해주기 위해서 손질을 자주 해줘야 하고 고난도의 미용 기술을 요구하므로 미용 가격도 상당히 고가에 해당하는 견종이다.

## 12 ③

③ 반려견의 꼬리 표현이 반드시 우호적이라고 할 수 없다. 행복함뿐만 아니라 경계, 호기심, 복종, 공포 및 불안감을 꼬리를 높게 쳐들거나 다리 사이에 감추는 등의 꼬리 표현으로 나타낸다.

## 13 ①

① 킁킁거리며 바닥이나 문을 긁는 행동은 분리불안 및 대소변을 의미한다.

## 14 ③

개의 스트레스 주요 증상

㉠ 밥을 잘 먹지 않는다.

㉡ 귀가 뒤로 젖혀져 있다.

㉢ 갑자기 공격적인 반응을 보인다.

㉣ 졸리지 않은데도 자꾸 하품을 한다.

㉤ 외부 소음에 유난히 크게 반응한다.

㉥ 설사를 하거나 배변 실수가 잦아진다.

㉦ 자신의 꼬리를 잡으려고 빙글빙글 돈다.

㉧ 눈을 제대로 뜨지 않거나 시선을 회피한다.

㉨ 가족을 반기지 않고 모른척하거나 지나친 응석을 부린다.

㉩ 앞발이나 특정 부위를 계속해서 핥는다.

㉪ 발바닥에서 땀이 난다.

## 15 ③

③ 슈나우저는 이중모지만 털갈이를 거의 하지 않아 털 빠짐이 적은 편이다. 일반적으로 털 빠짐이 많은 견종으로는 사모예드, 포메라니안, 스피츠, 골든 리트리버, 시바견, 피레니즈, 허스키, 말라뮤트, 웰시코기 등이 있다.

## 16 ③

③ 브리타니 스패니얼은 활동량이 많은 수렵견으로, 넓은 부지에서 키우는 것이 좋으며 장시간 산책과 충분한 운동이 필요하다.

**17 ④**

④ 국제공인견종은 세계애견연맹(FCI)이 공직적으로 인정한 견종이다. 세계애견연맹(FCI)은 344견종을 기능과 활용 목적 등에 따라 1 ~ 10그룹으로 구분하였는데, 오스트레일리언 셰퍼드는 1그룹(쉽독 및 스위스 캐틀독을 제외한 캐틀독)에 속한다.

※ 세계애견연맹(FCI) 견종 분류

| 구분 | 내용 |
| --- | --- |
| 1그룹 | 쉽독, 캐틀독 견종 ※단, 스위스 캐틀독 제외 |
| 2그룹 | 핀셔&슈나우저-몰로세르&스위스 마운틴&캐틀 독 견종 |
| 3그룹 | 테리어 견종 |
| 4그룹 | 닥스훈트 견종 |
| 5그룹 | 스피츠&프리미티브 타입 견종 |
| 6그룹 | 센트 하운드와 관련 견종 |
| 7그룹 | 포인팅 견종 |
| 8그룹 | 리트리버&플러싱 독&워터독 견종 |
| 9그룹 | 반려견&토이 독 견종 |
| 10그룹 | 사이트 하운드 견종 |

**18 ②**

② 센트 하운드, 사이트 하운드 그룹에 해당하는 견종은 자신의 주인에게 무조건 복종을 하기 보다는 스스로 독립적 사고로 수렵에 임하는 견종이다. 보호자 입장에서는 훈련 및 통제에 어려움을 겪을 수 있다.

**19 ③**

③ 셔틀랜드 쉽독, 올드 잉글리시 쉽독, 저먼 셰퍼트, 보더 콜리 등은 1그룹에 속한다. 이들은 양 또는 가축 등을 모으는 역할과 동시에 보호도 하는 역할을 하던 견종으로, 지능이 높고 다재다능하며 활동량 또한 많아 좁은 실내 생활을 힘들어한다.

**20 ①**

① 물건을 던지면 개가 쏜살같이 달려가 물어오는 모습을 볼 수 있는데 이는 도망치는 사냥감을 잡던 늑대의 습성으로부터 비롯된 사냥본능이다.

| 02 | 반려동물 관리학 | | | | | | | | |
| --- | --- | --- | --- | --- | --- | --- | --- | --- | --- |
| 1 | ③ | 2 | ② | 3 | ③ | 4 | ② | 5 | ④ |
| 6 | ① | 7 | ③ | 8 | ① | 9 | ③ | 10 | ② |
| 11 | ② | 12 | ② | 13 | ① | 14 | ① | 15 | ② |
| 16 | ③ | 17 | ① | 18 | ② | 19 | ③ | 20 | ① |

**1 ③**

③ 동물의 신체 구성 단계는 '세포 → 조직 → 기관 → 기관계 → 개체'로 구성된다.

**2 ②**

② 개의 경추는 7개이다.

**3 ③**

③ 서골은 두개강을 이루고 있는 뼈에 해당한다.

※ 두개골 구조

| | |
| --- | --- |
| 두개강 | 후두골(뒤통수뼈), 두정골(마루뼈), 전두골(이마뼈), 측두골(관자뼈), 사골(벌집뼈), 서골(보습뼈), 접형골(나비뼈) |
| 안면 | 비골(코뼈), 누골(눈물뼈), 상악골(위턱뼈), 절치골(앞니뼈), 구개골(입천장뼈), 권골(광대뼈), 하악골(아래턱뼈) |

**4 ②**

② 대뇌는 반려견의 기억, 판단 등 고도의 정신활동을 요하는 부분이다. 이는 두정엽, 전두엽, 측두엽, 후두엽, 변연엽 등으로 구분되며, 좌우 반구는 교량에 의해 서로 연결되어 있다.

**5** ④

④ 개는 단맛 및 짠맛을 혀의 앞쪽 2/3 부분에서 느끼며 혀의 뒤쪽 1/3에서 쓴맛을 느낀다.

**6** ①

① 홍채는 눈의 색을 결정하며, 동공의 크기를 조절해 눈에 들어오는 빛의 양을 조절한다.
② 시각 세포가 분포하여 상이 맺히는 부분이다.
③ 안구의 대부분을 싸고 있는 흰색 막인 공막의 연속된 앞쪽 부분으로 투명하다.
④ 각막과 홍채 사이, 홍채와 수정체 사이를 채우는 물질로 안압을 유지한다.

**7** ③

③ 치아수는 상아질 내측에 존재하는 치수강에 있는 유연한 조직으로 혈관 및 신경이 분포되어 있기 때문에 치아가 성장하는 데 있어 필요한 부분이다.

**8** ①

① 결장은 수분과 전해질을 흡수한다. 길이는 대략 25 ~ 60cm이다.

**9** ③

③ 개는 색상 구분을 도와주는 세포의 수가 적기 때문에 색상을 세밀하게 관찰하면서도 구별할 수 있는 능력이 떨어진다.

**10** ②

② 개의 발바닥 쿠션은 다른 피부조직에 비해서 재생능력이 떨어진다. 회복이 더디므로 작은 상처라도 빠른 치료가 필요하다.

**11** ②

② 암컷의 요도는 수컷에 비해 짧다.

**12** ②

② 급성 전염성 열성 질환으로 전염성이 강하고 폐사율이 높은 전신 감염증으로 주로 눈물이나 침, 콧물을 통해 전파된다.
①③ 분변을 통해 전파된다.
④ 호흡기를 통해 공기 중에 전파된다.

**13** ①

① 조충증은 개의 항문 주변에 기생하며, 벼룩 등이 매개가 되어 감염되는 질환이다. 식욕부진, 설사 등의 증상이 나타난다.

**14** ①

① 심근증은 심장 근육이 비대해지거나 탄력이 떨어지고 확장되어 나타나는 질환으로 주로 대형견 및 노령견 등에서 많이 나타난다. 배에 복수가 차거나 사지 부종이 나타나며 부정맥 등으로 돌연사하는 경우도 있다.

**15** ②

② 반려견의 급성 위염은 잘 낫지 않아 만성화로 발전되는 경우도 있다.

## 16 ③

③ 아토피성 피부염 : 꽃가루 등의 알레르기를 유발시키는 물질에 의해 과민하게 반응이 발생하는 피부질환이다.
① 개선충증 : 개선충(옴벌레)이 피부에 구멍을 뚫고 기생하면서 발생하는 질병이다.
② 부신피질 기능항진증 : 부신피질에서 분비되는 호르몬이 과다 분비되어 발생하는 질병이다.
④ 지루증 : 호르몬 이상, 영양불균형, 세균 감염 등의 다양한 원인으로 기름진 피부 또는 건조해져 비듬이 생기는 질병이다.

## 17 ①

① 대형견의 정상적인 맥박 수는 60 ~ 90회/분이다.

## 18 ②

② 개의 고혈압 원인으로는 부신피질 기능항진증, 콩팥질환, 심장질환, 당뇨병, 갑상샘 기능항진증 등이 있다.

## 19 ③

강아지의 신체충실지수(BCS) 등급
㉠ BCS 1 : 마른 상태
㉡ BCS 2 : 저체중
㉢ BCS 3 : 이상적 체중
㉣ BCS 4 : 과체중
㉤ BCS 5 : 비만

## 20 ①

① 귀의 시작부에서부터 1/2 정도를 클리핑하는 견종은 코커 스패니얼이다.

| 03 | | 반려동물 훈련학 | | | | | | | |
|---|---|---|---|---|---|---|---|---|---|
| 1 | ③ | 2 | ④ | 3 | ② | 4 | ① | 5 | ① |
| 6 | ② | 7 | ② | 8 | ③ | 9 | ④ | 10 | ④ |
| 11 | ① | 12 | ④ | 13 | ③ | 14 | ④ | 15 | ③ |
| 16 | ④ | 17 | ① | 18 | ③ | 19 | ① | 20 | ① |

## 1 ③

③ 조기 훈련 : 반려견의 인간과의 만남, 사물 및 환경 등에 관한 적응을 하는 훈련을 말한다. 사회화 훈련, 배변 훈련, 리더십 훈련, 하우스 훈련 등이 있다.
① 중등훈련 : 기초 훈련이 잘 끝난 후 일상생활에서의 통제력, 집중력 향상, 외부 환경 적응을 위해 시행하는 훈련이다.
② 기초훈련 : 조기 훈련 이후 바로 시작한다. 사람과의 일상적 소통과 생활습관 형성을 위한 훈련이다.
④ 고등훈련 : 중등 훈련까지 마친 후 전문 훈련이 필요할 경우 진행한다. 특별한 임무 수행 또는 고난도 명령을 이행하기 위한 훈련이다.

## 2 ④

④ 가장 집중력이 좋을 시간에 관심 및 흥미를 가질 수 있도록 한다. 훈련에 임할 수 있도록 하기 위해 개의 훈련 시간은 10 ~ 15분을 넘겨서는 안 된다.

## 3 ②

① 강화의 타이밍 : 빠르고 확실하게 조건 부여를 성립시키기 위해 반응과 동시에 또는 직후에 강화가 이루어져야 한다.
③ 플러스 강화 : 강화 인자 제시에 따라 반응이 일어날 가능성이 증가하는 조건 부여이다.
④ 강화스케줄 : 반응을 가르칠 때 모든 반응에 대해 강화함으로써 빠르게 학습이 성립된다.

## 4 ①

① 반려견의 본능적인 강화체로는 번식, 음식, 위험회피 등이 있다. 장난감은 상황적인 강화체에 속한다.

**5**  ①

① 캡쳐링 : 개가 능동적으로 자연스럽게 하는 행동을 표시하고 강화하는 과정 즉, 훈련사가 개입하지 않고 관찰하다가 반려견이 잘하는 순간을 포착하여 칭찬하고 강화하는 모든 행동이다.
② 몰딩 : 목표행동을 교육하기 위해 훈련사가 바라는 행동을 유도하며 반려견의 자세를 물리적으로 고정하는 훈련 방법이다.
③ 타게팅 : 특정 지점을 목표로, 그 지점을 코나 발로 터치 또는 시선을 보내게 하여 특정 행동과 연결시키는 훈련 방법이다.
④ 루어링 : 원하는 행동을 학습할 수 있도록 보상(간식)을 사용하는 훈련 방법이다.

**6**  ②

② 유창화 단계는 반려견이 보상을 기대하고 반려견 스스로 행동하는 단계를 말한다.

**7**  ②

② 리드 줄 트레이닝은 사회화 교육 중 하나로, 이동할 때 반려견이 원하는 방향으로 이동하지 않도록 주의해야 한다.

**8**  ③

③ 원거리의 대기 훈련 등에 활용하는 리드 줄의 길이는 10m이다. 참고로 10m는 훈련 경기에서의 대회 규정 줄의 길이다.

**9**  ④

④ 반려견의 풍부화도 요소는 감각적 요소, 환경적 요소, 인지적 요소, 사회적 요소, 먹이적 요소이다.

**10**  ④

④ 이름 인식 교육을 할 때는, 이름만 부르고 이름 뒤에 '잘했어' 또는 '좋아' 같은 말을 붙이지 않는다. 그 이유는 강아지들이 칭찬의 말 뒤에 간식이 따라 나온다고 인지할 수 있기 때문이다.

**11**  ①

반려견이 싫어하는 리더(보호자)의 행동
㉠ 가족 구성원끼리 큰 소리로 싸우거나 말다툼을 하는 행동
㉡ 반려견을 신경 쓰지 않고, 놀아주거나 산책을 시켜주지 않는 행동
㉢ 편하게 잘 자고 있는 반려견을 건드리거나 장난쳐서 깨우는 행동
㉣ 반려견이 잘못하면 소리치거나 체벌을 통해 반려견을 대하는 행동
㉤ 기분 상태에 따라서 반려견을 대하는 태도나 감정이 달라지는 행동
㉥ 생활패턴이 불규칙하고 오랜 시간 반려견을 혼자 두는 일이 잦은 행동

**12**  ④

④ 반려견의 문제행동에 해당하는 내용이다.

**13**  ③

① 아픔을 느낄 때 보이는 공격행동이다.
② 자신의 세력권으로 인식한 장소나 보호해야 할 대상에 접근하는 불특정 개체에 보이는 공격행동이다.
④ 주시, 침 흘리기, 몰래 접근하기 등 포식행동에 잇따라 일어나는 공격행동이다.

## 14 ④

④ 분리불안은 보호자가 없을 때 보이게 되는 파괴적 행동, 쓸데없이 짖기, 멀리서 짖기, 부적절한 배설과 같은 불안 징후, 설사, 구토, 떨림 등과 같은 생리학적 증상을 의미한다.

## 15 ③

③ 홍수법 : 반려견이 반응을 일으키기에 충분한 강도의 자극을 반려견으로부터 그 반응이 일어나지 않게 될 때까지 반복하여 주는 행동 교정법을 의미한다. 예를 들어 차에 타게 되면 토하거나 또는 계속적으로 짖는 반려견에 대해 무슨 일이 있어도 마지막에는 어떠한 반응도 보이지 않을 때까지 계속해서 몇 번이고 차에 타게 하는 것이다.

① 탈감작 : 반응을 일으키는 자극을 아주 약한 수준부터 서서히 반복적으로 노출시켜 점차 익숙해지게 하는 방법이다. 점진적이고 단계적으로 시행하여 스트레스가 적고, 가장 많이 쓰이는 방법이다. 예를 들어 천둥소리를 아주 작게 틀고, 괜찮으면 점점 소리를 크게 트는 것이다.

② 인식개선 : 부정적 반응을 보이던 자극에 보상 등 긍정적인 경험을 결합시켜 자극에 대한 감정을 긍정적으로 바꾸는 방법이다. 단독으로 사용되기도 하며, 탈감작과 자주 사용된다.

④ 순화 : 중요하지 않은 자극을 반복하여 더 이상 반응하지 않게 하는 방법으로, 경계나 놀람 등 불필요한 반응을 줄이는 데 사용한다.

## 16 ④

④ 보드(board) 보딩(boarding)은 개를 맡아 먹이주기 및 운동 등의 모든 것을 포함한 관리를 하는 것을 의미한다. 참고로 삐삐소리 등의 음을 내는 장난감의 총칭을 의미하는 것은 '스퀴키(squeaky)'이다.

## 17 ①

① 찰고무공은 공에 줄이 달려 있어서 개가 공을 활용해 더미 놀이를 할 수 있으며 동시에 개가 공을 용이하게 조절할 수 있는 공이다.

## 18 ③

③ 일반적으로 개들에게 3단계의 공간적, 거리 영역이 있는데 불안영역(anxiety area), 경계영역(defence area), 안전영역(safety area) 등이 포함된다.

## 19 ①

① 부정 강화는 개에게 특정 강화물을 제거하는 것으로 즉, 원하는 행동을 이끌어 내기 위해 자극을 주어 특정 행동을 할 때 싫어하는 강화물을 제거하는 것을 의미한다. 이렇게 부정적인 강화물을 제거함으로써 행동을 이끌어 낼 수 있다.

## 20 ①

① 자리를 조금씩 이동하면서 강아지 이름을 불렀을 시에 강아지가 잘 따라오는지 확인하고, 잘 따라올 경우에 간식으로 보상한다.

| 04 | 직업윤리 및 법률 | | | | | | | | |
|---|---|---|---|---|---|---|---|---|---|
| 1 | ③ | 2 | ④ | 3 | ② | 4 | ② | 5 | ① |
| 6 | ③ | 7 | ③ | 8 | ① | 9 | ① | 10 | ③ |
| 11 | ① | 12 | ③ | 13 | ④ | 14 | ④ | 15 | ① |
| 16 | ③ | 17 | ③ | 18 | ② | 19 | ④ | 20 | ② |

**1** ③

③ "반려동물"이란 반려(伴侶)의 목적으로 기르는 개, 고양이 등 농림축산식품부령으로 정하는 동물을 말한다〈동물보호법 제2조(정의) 제7호〉.

**2** ④

④ 농림축산식품부 장관은 동물의 적정한 보호·관리를 위하여 5년마다 동물복지종합계획을 수립·시행하여야 한다〈동물보호법 제6조(동물복지 종합계획) 제1항〉.

**3** ②

② 소비자 스스로의 권익을 증진하기 위하여 단체를 조직하고 이를 통하여 활동할 수 있는 권리이다〈소비자기본법 제4조(소비자의 기본적 권리) 제7호〉.

**4** ②

② 사업자는 물품 등의 하자로 인한 소비자의 불만이나 피해를 해결하거나 보상하여야 하며, 채무불이행 등으로 인한 소비자의 손해를 배상하여야 한다〈소비자기본법 제19조(사업자의 책무) 제5항〉.

**5** ①

① "동물"이란 소, 말, 돼지, 양, 개, 토끼, 고양이, 조류(鳥類), 꿀벌, 수생동물(水生動物), 그 밖에 대통령령으로 정하는 동물을 말한다〈수의사법 제2조(정의) 제2호〉.

**6** ③

③ 수의사는 제1항에 따라 처방전을 발급할 때에는 수의사 처방 관리시스템을 통하여 처방전을 발급하여야 한다. 다만, 전산장애, 출장 진료 그 밖에 대통령령으로 정하는 부득이한 사유로 수의사 처방 관리시스템을 통하여 처방전을 발급하지 못할 때에는 농림축산식품부령으로 정하는 방법에 따라 처방전을 발급하고 부득이한 사유가 종료된 날부터 3일 이내에 처방전을 수의사 처방 관리시스템에 등록하여야 한다〈수의사법 제12조의2(처방대상 동물용 의약품에 대한 처방전의 발급 등) 제2항〉.

**7** ③

③ 천직의식은 자신의 일이 자신의 능력과 적성에 꼭 맞는다 여기고 그 일에 열성을 가지고 성실히 임하는 태도를 의미한다.

**8** ①

영업자 등의 준수사항〈동물보호법 제78조 제1항〉 ··· 영업자(법인인 경우에는 그 대표자를 포함한다)와 그 종사자는 다음 각 호의 사항을 준수하여야 한다.

1. 동물을 안전하고 위생적으로 사육·관리 또는 보호할 것
2. 동물의 건강과 안전을 위하여 동물병원과의 적절한 연계를 확보할 것
3. 노화나 질병이 있는 동물을 유기하거나 폐기할 목적으로 거래하지 아니할 것
4. 동물의 번식, 반입·반출 등의 기록 및 관리를 하고 이를 보관할 것
5. 동물에 관한 사항을 표시·광고하는 경우 이 법에 따른 영업 허가번호 또는 영업등록번호와 거래금액을 함께 표시할 것
6. 동물의 분뇨, 사체 등은 관계 법령에 따라 적정하게 처리할 것
7. 농림축산식품부령으로 정하는 영업장의 시설 및 인력 기준을 준수할 것
8. 제82조(교육) 제2항에 따른 정기교육을 이수하고 그 종사자에게 교육을 실시할 것
9. 농림축산식품부령으로 정하는 바에 따라 동물의 취급 등에 관한 영업실적을 보고할 것
10. 등록대상동물의 등록 및 변경신고의무(등록·변경신고방법 및 위반 시 처벌에 관한 사항 등을 포함한다)를 고지할 것
11. 다른 사람의 영업명의를 도용하거나 대여 받지 아니하고, 다른 사람에게 자기의 영업명의 또는 상호를 사용하도록 하지 아니할 것

**9** ①

① 300만 원 이하의 과태료에 해당한다〈동물보호법 제101조(과태료) 제2항 제6호〉.

**10** ③

③ 소비자교육의 방법 등에 관하여 필요한 사항은 대통령령으로 정한다〈소비자기본법 제14조(소비자의 능력향상) 제5항〉.

**11** ①

① 위촉위원의 임기는 3년으로 한다〈소비자기본법 제24조(정책위원회의 구성) 제4항〉.

**12** ③

③ 농림축산식품부 장관은 동물의료의 육성·발전 등에 관한 종합계획을 5년마다 수립·시행하여야 한다〈수의사법 제3조의2(동물의료 육성·발전 종합계획의 수립) 제1항〉.

**13** ④

④ 규정한 사항 외에 동물보건사 자격시험의 실시 등에 필요한 사항은 농림축산식품부령으로 정한다〈수의사법 제16조의3(동물보건사의 자격시험) 제4항〉.

**14** ④

④ 직업윤리의 5대 원칙은 객관성의 원칙, 공정경쟁의 원칙, 전문성의 원칙, 고객중심의 원칙, 정직 및 신용의 원칙이다.

**15** ①

① 사업자는 소비자 단체 및 한국소비자원의 소비자 권익증진과 관련된 업무의 추진에 필요한 자료 및 정보제공 요청에 적극 협력하여야 한다〈소비자기본법 제18조(소비자권익 증진시책에 대한 협력 등) 제2항〉.

**16** ③

수술 등 중대진료에 관한 설명〈수의사법 제13조의2 제2항〉 … 수의사가 제1항에 따라 동물소유자 등에게 설명하고 동의를 받아야 할 사항은 다음 각 호와 같다.
1. 동물에게 발생하거나 발생 가능한 증상의 진단명
2. 수술 등 중대진료의 필요성, 방법 및 내용
3. 수술 등 중대진료에 따라 전형적으로 발생이 예상되는 후유증 또는 부작용
4. 수술 등 중대진료 전후에 동물소유자 등이 준수하여야 할 사항

**17** ③

반려동물행동지도사의 업무〈동물보호법 제30조 제1항〉 … 반려동물행동지도사는 다음 각 호의 업무를 수행한다.
1. 반려동물에 대한 행동분석 및 평가
2. 반려동물에 대한 훈련
3. 반려동물 소유자 등에 대한 교육
4. 그 밖에 반려동물행동지도에 필요한 사항으로 농림축산식품부령으로 정하는 업무

## 18 ②

소비자단체의 업무 등〈소비자기본법 제28조 제1항〉… 소비자단체는 다음 각 호의 업무를 행한다.

1. 국가 및 지방자치단체의 소비자의 권익과 관련된 시책에 대한 건의
2. 물품 등의 규격·품질·안전성·환경성에 관한 시험·검사 및 가격 등을 포함한 거래조건이나 거래방법에 관한 조사·분석
3. 소비자문제에 관한 조사·연구
4. 소비자의 교육
5. 소비자의 불만 및 피해를 처리하기 위한 상담·정보제공 및 당사자 사이의 합의의 권고

## 19 ④

④ 인증의 유효기간은 인증을 받은 날부터 3년으로 한다〈동물보호법 제59조(동물복지출산 농장의 인증) 제4항〉.

## 20 ②

소비자 안전센터의 설치〈소비자기본법 제51조 제3항〉… 소비자안전센터의 업무는 다음 각 호와 같다.

1. 제52조의 규정에 따른 위해정보의 수집 및 처리
2. 소비자 안전을 확보하기 위한 조사 및 연구
3. 소비자 안전과 관련된 교육 및 홍보
4. 위해 물품 등에 대한 시정 건의
5. 소비자 안전에 관한 국제협력
6. 그 밖에 소비자 안전에 관한 업무

| 05 | 보호자 교육 및 상담 | | | | | | | | |
|---|---|---|---|---|---|---|---|---|---|
| 1 | ③ | 2 | ① | 3 | ② | 4 | ④ | 5 | ③ |
| 6 | ④ | 7 | ④ | 8 | ④ | 9 | ④ | 10 | ④ |
| 11 | ③ | 12 | ① | 13 | ② | 14 | ① | 15 | ④ |
| 16 | ④ | 17 | ① | 18 | ① | 19 | ① | 20 | ④ |

## 1 ③

③ 장모종의 경우 단모종에 비해 털 빠짐이 적은 관계로 관리가 수월한 반면, 털이 서로 엉키는 것을 예방하기 위해 틈틈이 털을 손질해주어야 한다.

## 2 ①

① 입양 전 강아지가 사용한 물품을 가지고 와서 놀게 해주면 강아지들이 적응하는 데 도움이 된다.

## 3 ②

커뮤니케이션의 특징
㉠ 순기능 및 역기능 존재
㉡ 유동적인 수단 및 형식
㉢ 커뮤니케이션 하는 서로의 행동에 영향을 미침
㉣ 정보 교환, 의미부여
㉤ 오류 및 장애 발생 가능

## 4 ④

④ 소음(잡음)은 의도된 메시지를 왜곡시키는 요인이다. 전달과 수신 사이에 발생하여 의사소통의 정확도를 감소시킨다. 여기에는 언어가 갖는 어의상의 문제, 메시지 의도적 왜곡 등이 있다. 전달자의 부정확한 사상인식, 부적절한 코드화, 수신자의 부정확하거나 왜곡된 해석 등의 잡음은 어디에서나 발생해서 의사소통을 왜곡시킬 수 있다.

## 5  ③

커뮤니케이션에 대한 송신자의 장애요인에 해당한다.

※ 커뮤니케이션에 대한 수신자의 장애요인

ㄱ 선입관 : 수신자가 송신자에 대해서 선입관에 사로잡혀 있을 시에는 상대방의 말을 건성으로 듣고 성급한 판단을 하기 쉽다.

ㄴ 선택적 청취 : 수신자는 자기 자신의 욕구를 충족시키거나 또는 자신들의 신념과 일치하는 메시지는 받아들이고 자신에게 위협을 가하거나 또는 기존의 신념 및 갈등 등을 일으키게 되는 메시지는 부정하거나 왜곡하고 이에 대해 귀를 기울이지 않으며 해당 정보를 거부하려는 경향이 있다.

ㄷ 신뢰도의 결핍 : 만약의 경우에 송신자가 "양치기 소년"의 동화에서 나오는 양치기 소년처럼 평소에 신뢰도가 부족한 사람의 경우가 이에 해당된다. 송신자의 의사전달은 수신자가 전적으로 신뢰하지 않는다. 그러므로 수신자는 상대방을 불신하거나 선입관에 의해서 상대방의 내용을 신뢰하지 않으므로 커뮤니케이션의 어려움을 가져오게 된다.

ㄹ 반응적 피드백의 부족 : 수신자는 송신자의 메시지에 대한 무반응이나 또는 부적절한 반응을 나타냄으로써 송신자를 실망시키게 한다. 이처럼 수신자의 무반응은 송신자의 메시지에 관심이 없다든지 그러한 사람과 말하기 싫다거나 또는 어렵다는 것을 암시함으로써 적절한 커뮤니케이션의 기회를 줄이게 된다.

ㅁ 평가적 경향 : 수신자는 송신자로부터 메시지를 전부 다 전달 받기 이전에 메시지의 전반적인 가치를 평가해 버리는 경향으로써 이는 메시지가 지니는 실제 의미를 왜곡시켜버린다.

## 6  ④

④ 대인 커뮤니케이션의 메시지의 흐름은 대체로 쌍방향이다. 반대로 매스 커뮤니케이션의 메시지의 흐름은 일방적이다.

## 7  ④

④ 모호한 메시지를 전달할 경우에는 상대를 설득하기 보다는 반대로 신뢰를 잃을 수 있다.

※ 설득의 기본원칙

ㄱ 경청하기

ㄴ 명확한 메시지를 전달하기

ㄷ 칭찬 및 감사의 말 표현하기

ㄹ 동기 유발하기

ㅁ 고객이 좋아하는 것을 파악해내기

## 8  ④

④ 대화에서 A 변호사는 I − Message의 대화스킬을 활용하고 있다. You − Message는 상대에게 일방적으로 강요, 공격, 비난하는 느낌을 전달하게 되면 상대는 변명하려 하거나 또는 반감, 저항, 공격성 등을 보인다.

## 9  ④

④ 고객의 내적요인으로는 관여도, 개인적 욕구, 과거 서비스 경험 등이 있다.

※ 고객 기대에 관한 영향 요인

| 고객의 내적 요인 | 고객의 외적 요인 | 고객의 상황적 요인 |
| --- | --- | --- |
| • 개인적인 욕구 | • 구전에 의한 커뮤니케이션 | • 환경적인 조건 |
| • 관여도 | • 상대와의 상호관계로 인한 사회적인 상황 | • 시간적인 제약 |
| • 과거 서비스 경험 | • 고객이 이용 가능한 경쟁적인 대안 | • 고객들의 정서적인 상태 |

## 10 ④

④ 박스 안 사례는 개방형 질문(Open-Ended Questions)에 대한 내용이다. 개방형 질문은 응답자가 자유로이 제시된 대안에서 답을 찾는 것이 아닌 응답자 스스로의 생각을 솔직하게 표현해 내는 질문방식을 의미한다. 이분형 및 선다형은 폐쇄형 질문(객관식 질문) 형태에 관한 내용이다.

## 11 ③

③ 폐쇄형 질문은 고정형 질문이라고도 하며, 응답의 대안을 제시하고 그중 하나를 선택하게끔 하는 질문방식이다. 다시 말해 객관식 형태의 질문이라고 할 수 있다. 이러한 경우에는 사전에 보기를 주고 그중에서만 선택할 수 있게 하므로 응답자에게 충분한 자기표현의 기회를 제공해 주기 어렵다.

## 12 ①

① 고객들이 기업 조직에 대해 불평불만을 표출하는 것이므로 자사에서는 이에 대한 선입견을 모두 버리고 고객들의 입장에서 생각하고 문제를 파악해야 한다.

## 13 ②

② 컴플레인 처리 시 품위를 지키며, 고객이 이해할 수 있는 평이한 언어를 사용한다.

※ 컴플레인 처리 시의 주의사항
　ㄱ 신속하게 처리한다.
　ㄴ 논쟁 또는 변명은 피한다.
　ㄷ 잘못된 점은 솔직하게 사과한다.
　ㄹ 고객의 잘못을 책망하지 않는다.
　ㅁ 내부사정을 이유로 말하지 않는다.
　ㅂ 고객에 대한 선입관을 갖지 않는다.
　ㅅ 친절하고 상냥하게 침착하게 응한다.
　ㅇ 설명은 사실을 바탕으로 명확하게 한다.
　ㅈ 품위를 지키며, 평이한 언어를 사용한다.

　ㅊ 고객의 입장에서 성의 있는 자세로 임한다.
　ㅋ 상대방에게 동조해 가면서 긍정적으로 듣는다.
　ㅌ 감정적 표현, 노출을 피하고 냉정하게 검토한다.
　ㅍ 고객은 근본적으로 선의를 가지고 있다고 믿는다.
　ㅎ 고객은 독특성을 지닌 인간으로서, 존중하는 태도를 갖는다.

## 14 ①

① 말에 의한 의사소통은 개인적인 상호작용이 가능하다.

## 15 ④

④ 의사소통은 타인이 내가 바라는 방식을 행동하도록 유도하기 위한 일종의 현실적 욕구이다.

## 16 ④

서비스 품질 모형(SERVQUAL)의 5가지 품질 차원
　ㄱ 신뢰성(Reliability) : 약속한 서비스를 어김없이 정확하게 수행할 수 있는 능력 예 우편물의 배달
　ㄴ 대응성(Responsiveness) : 고객을 돕고 신속한 서비스를 제공하겠다는 의지 예 고객대기의 최소화
　ㄷ 확신성(Assurance) : 확신을 주는 직원의 능력 및 예의 바른 근무 자세 예 고객에 대한 정중함
　ㄹ 공감성(Empathy) : 고객에 대한 배려와 개별적인 관심을 보일 능력과 준비 자세 예 고객 불평 경청
　ㅁ 유형성(Tanbibles) : 물적 시설, 장비, 인력, 통신의 확보 등 물리적 환경 예 청결도

## 17 ①

① 공감과 사회적 기술은 사회적 역량에 해당하며, 자기 인식, 자기 규제, 동기부여는 개인 능력에 각각 해당한다.

**18** ①

① 반려동물 문제행동의 발생요인 중 1차 요인에 속하는 것으로는 신체적 특성, 유전적 기질 등이 있다. 2차 요인에 속하는 것으로는 부적절한 경험, 학습기회의 부족 등이 있으며, 3차 요인으로는 생활환경 보호자 등이 있다.

**19** ①

① 촉진적 경청은 가장 높은 수준의 경청 방법에 해당하는 것으로 실제로는 바라고 있지만 어렵거나 남에게 숨기고 싶은 부분, 또는 스스로 해결방안을 찾을 수 있게 도와주는 경청 방법이다.

**20** ④

④ 감성지능(Emotional Intelligence)은 감성지능은 사람의 감성을 다스릴 줄 아는 통제력을 의미하므로 이에 해당하는 인내심, 지구력, 충동 억제력, 만족지연 능력, 용기, 절제 등을 포함한다.

SEOWONGAK
서원각

# 반려동물 행동지도사 2급

## -제2회 모의고사-

| 성 명 | | 생년월일 | |
|---|---|---|---|
| 문항 수 | 100문항 | 점 수 | ______ / 100점 |

〈 유의사항 〉

- 문제지 및 답안지의 해당란에 문제유형, 성명, 응시번호를 정확히 기재하세요.

- 모든 기재 및 표기사항은 "컴퓨터용 흑색 수성 사인펜"만 사용합니다.

- 예비 마킹은 중복 답안으로 판독될 수 있습니다.

<table><tr><td>01</td><td>반려동물 행동학(20문항)</td></tr></table>

**1.** 동물행동학 분류와 그 연구의 연결이 옳지 않은 것은?

① 진화 – 동물행동의 계통 발생 연구
② 궁극요인 – 동물행동의 물리적인 의미 연구
③ 지근요인 – 동물행동의 매커니즘 연구
④ 발달 – 동물행동의 개체 발생 연구

**2.** 본래 기능에 따라 견종을 구분할 때 목양견에 속하지 않는 품종은?

① 보더콜리
② 진돗개
③ 웰시 코기
④ 세틀랜드 쉽독

**3.** 사람의 눈 역할을 하는 만큼 상당한 교육을 필요로 하며, 인내심이 많고 차분해야 하는 특수목적견은?

① 마약견
② 보청견
③ 맹인안내견
④ 동물매개치료견

**4.** 반려견의 섭식에 관한 설명 중 적절하지 않은 것은?

① 늑대의 수렵행동과 관련이 있기 때문에 섭취를 빠르게 하는 특성이 있다.
② 옆에 다른 강아지들이 없을 때 먹는 속도가 느려질 수도 있다.
③ 사람에 비해 위의 용적량이 작기 때문에 한 번에 많은 양의 먹이 섭취가 어렵다.
④ 먹이 섭식은 반려견에게 있어 가장 기본적이며 생존을 위한 필수조건이다.

**5.** 반려견의 행동발달 단계 중 이행기에 대한 설명으로 옳지 않은 것은?

① 후각적으로는 호기심이 없을 시기이다.
② 꼬리를 흔들거나 또는 으르렁거리는 등의 사회적 행동에 대한 신호를 나타낸다.
③ 듣고, 보고, 느끼는 등의 기본적 감각을 갖추게 된다.
④ 이행기는 대략 생후 2 ~ 3주의 짧은 기간이다.

**6.** 인간과 개의 통상적인 나이 비교를 했을 때, 인간의 나이가 청소년기면 개의 나이는 몇 살인가?

① 생후 1년
② 5년
③ 7년
④ 10년

**7.** 〈보기〉가 설명하는 반려견 품종은?

---
보기
---

3,000 ~ 3,500년경 전부터 지중해의 몰타 섬에서 살았으며 몰타 섬 주변의 카르타고, 로마, 그리스 같은 고대 도시 국가의 상류층에서도 큰 인기를 얻은 품종이다. 그리스인들은 이 견종이 죽으면 주인 무덤 옆에 묻어 주거나 개를 위한 사원을 만들어 주었다.

① 말티즈
② 코커 스패니얼
③ 비글
④ 웰시 코기

**8.** 반려견의 시각적 의사소통에 관한 내용으로 옳지 않은 것은?

① 머리의 위치는 복종할 시에는 낮으며, 목이 늘어나는 형태를 띤다.
② 꼬리 위치는 공격적일 땐 낮게 내리거나 또는 배의 아래로 말리는 형태를 띤다.
③ 눈의 위치는 위협을 가할 때에는 상대를 직시한다.
④ 귀의 위치는 공격적일 시에는 일종의 경계태세와 같은 형태를 띤다.

**9.** 반려견이 나타내는 여러 가지 소리와 그 의미로 연결이 옳지 않은 것은?

① 깨갱거림 – 불안 또는 무서움 등에 휩싸여 위협을 느낄 때 지르는 소리이다.
② 멍멍 짖음 – 만약 마르면서 쉰 듯한 느낌의 소리를 반복해 짖을 때 이는 반려견이 스트레스를 받거나 또는 아픔을 호소하는 경우이다.
③ 낑낑거림 – 반가움, 갈등, 순응 등을 나타낸다.
④ 으르렁거림 – 낮고 굵은 음의 으르렁거림은 용기가 없는 개가 일종의 강한 모습을 보이는 척할 때 나타내는 소리이다.

**10.** 〈보기〉로 알 수 있는 견종은?

---
보기
---

• 중국의 경우 사자가 악귀를 쫓아내고 재물을 지켜 준다고 해서 굉장히 신성시됐는데, 사자를 대신하여 사자와 닮은 이 견종도 신성시했다.
• 처음 티벳에서 유래하여 1980년대 우리나라에도 들어와 키우기 시작했다.
• 10마리 중 9마리는 성격이 상당히 느긋하고 낙천적이다.

① 라사 압소
② 골든 리트리버
③ 시츄
④ 티베탄 테리어

**11.** 영국 웨일스 지방의 빈민들이 목축을 위해 기르던 품종으로 12세기경 영국 왕 리처드 1세가 데려가 키우면서 영국 왕실의 개가 되었다. 가축들 다리 사이로 뛰어다니기 알맞도록 짧은 다리를 가지고 있는 이 견종은?

① 푸들
② 웰시코기
③ 포메라니안
④ 요크셔 테리어

**12.** 카밍 시그널의 기능에 대한 설명으로 옳지 않은 것은?

① 평화유지 기능은 반려견이 주위 구성원들과 평화를 유지하려고 할 때 활용한다.
② 분쟁회피 기능 반려견이 적의가 없음을 알리고 상대를 진정시키는 것이다.
③ 긴장완화 기능은 반려견 스스로가 긴장을 완화하는 것이다.
④ 의사전달 기능은 반려견이 다른 개체와 서로 간 의사를 파악할 수 있는 것이다.

**13.** 반려견의 의사표현과 그 의미를 잘못 연결한 것은?

① 귀를 약간 젖히고 꼬리는 살살 흔든다. – 평온함

② 온몸이 흔들릴 정도로 꼬리를 흔든다. – 수동적인 복종
(두려움)

③ 낑낑거리며 약한 소리로 신음한다. – 고통/스트레스

④ 꼬리치며 빙글빙글 돈다. – 기쁨/관심 끌기

**14.** 다음 중 보호자와 반려견의 관계를 잘못 설명하고 있는 것은?

① 보호자와 반려견 서로 간 유익한 관계가 되어야 한다.

② 보호자의 경우에 반려견을 괴롭히거나 불편하게 하는
행위를 해서는 안 된다.

③ 보호자는 반려견과 문서상의 계약관계는 아니지만 서로
간에 돌봐주어야 하는 관계라 할 수 있다.

④ 단방향적이며 비연속적인 관계가 유지되어야 한다.

**15.** 동물실험의 3R 원칙이 아닌 것은?

① 관계(relationship)

② 감소(reduction)

③ 대체(replacement)

④ 개선(refinement)

**16.** 통상적인 개의 발정기는 연 몇 회인가?

① 4회

② 3회

③ 2회

④ 1회

**17.** 장모종에 해당하지 않는 견종은?

① 웰시 코기

② 말티즈

③ 파피용

④ 아프간 하운드

**18.** 주로 땅속에 사는 작은 동물을 잡는 호전적인 개로 농장에
서 들쥐나 여우 등을 잡도록 길러진 견종은?

① 하운드

② 스피츠

③ 테리어

④ 토이

**19.** 반려견 털의 먼지, 엉킨 털들을 풀어줄 때 사용하는 것은?

① 칫솔

② 둥근 빗

③ 네모 가위

④ 브러쉬

**20.** 개가 산책할 때 위험 요소를 만나거나 다른 개를 만났을
때 목부터 꼬리까지 털을 바짝 세우는 모습은 무엇을 기반
으로 하는 행동인가?

① 본능

② 반사

③ 학습

④ 유전적 행동

## 02  반려동물 관리학(20문항)

1. 동물 신체 구성에 있어 몸체를 이루고 있는 기본 단위는?

   ① 세포
   ② 개체
   ③ 기관
   ④ 조직

2. 개의 몸통 골격에서 머리와 몸통 무게를 지탱하고 움직일 수 있도록 하는 부위는?

   ① 척추
   ② 흉골
   ③ 늑골
   ④ 요추골

3. 개의 사지 위치로 관절을 구분할 때 앞다리 관절에 해당하지 않는 부위는?

   ① 완관절
   ② 고관절
   ③ 주관절
   ④ 견관절

4. 〈보기〉가 설명하는 개의 신경계는?

   ┌─── 보기 ───┐
   • 시상 및 시상하부로 구성
   • 시상의 경우 후각을 제외하고 신체 모든 감각 정보들이 대뇌피질로 전도되는 것에 관여
   └────────────┘

   ① 연수
   ② 소뇌
   ③ 간뇌
   ④ 중뇌

5. 개 골격 특징으로 옳지 않은 것은?

   ① 개의 쇄골은 퇴화되어 있다.
   ② 견갑골은 목줄기 양쪽에 상하 수직으로 붙어있다.
   ③ 개의 뒷발목뼈 부분은 인간의 발뒤꿈치에 해당한다.
   ④ 앞발가락은 4개이며, 뒷발가락이 발달하였다.

6. 개의 청각전달 경로를 순서대로 나열한 것은?

   ① 소리 → 고막 → 귓속뼈 → 귓바퀴 → 달팽이관 → 청각신경 → 대뇌
   ② 소리 → 고막 → 귓바퀴 → 달팽이관 → 귓속뼈 → 청각신경 → 대뇌
   ③ 소리 → 귓바퀴 → 고막 → 귓속뼈 → 달팽이관 → 청각신경 → 대뇌
   ④ 소리 → 귓바퀴 → 달팽이관 → 귓속뼈 → 고막 → 청각신경 → 대뇌

**7.** 통상적으로 개의 위는 소화기 전체 용적의 몇 %를 차지하는가?

① 10%
② 20%
③ 40%
④ 60%

**8.** 개의 간과 담낭에 관한 내용으로 적절하지 않은 것은?

① 간의 중량은 0.1 ~ 0.2kg 정도로 내부 장기 중에서 가장 작다.
② 간은 소화작용을 하기 위해 필요한 담즙을 분비한다.
③ 담낭의 경우 간으로부터 분비되는 담즙을 저장하는 역할을 한다.
④ 간은 체축으로부터 오른쪽으로 기울어진 곳에 위치하고 있다.

**9.** 반려견의 갈비뼈를 보기 어렵고, 지방층으로 인해 갈비뼈를 쉽게 촉진하기 어려운 상태일 때 반려견 신체충실지수(BCS)에 따라 몇 단계로 평가할 수 있는가?

① BCS 1
② BCS 2
③ BCS 4
④ BCS 5

**10.** 반려견의 나이와 치아 발육 상태 연결이 옳지 않은 것은?

① 2개월령 – 유치가 전부 돌출된다.
② 7개월령 – 모든 유치가 영구치로 교체된다.
③ 2년령 – 아래턱의 앞니 4개가 마모된다.
④ 5년령 – 위턱과 아래턱 앞니 2개가 영구치로 교체된다.

**11.** 수캐의 생식기관에 대한 설명으로 잘못된 것은?

① 정관은 부고환에서 이어지는 것으로 고환관의 비연속관이다.
② 전립샘에서는 정자 운동 및 대사 등에 필요로 하는 성분을 포함한 분비액이 만들어진다.
③ 고환은 정자를 생성하는 외분비샘이며, 테스토스테론을 생성하는 내분비샘이기도 하다.
④ 부고환은 고환으로부터 생성된 미성숙 정자를 일시적으로 저장 및 성숙시키게 된다.

**12.** 반려견의 소변을 통해 건강을 체크할 때 비정상 상태임을 알 수 있는 특징으로 옳지 않은 것은?

① 다음
② 다뇨
③ 소변감소증
④ 맑고 연한 노란색

**13.** 반려견에게 열이 있는지 확인하는 방법으로 가장 적절한 것은?

① 몸을 자주 긁는다.
② 코가 마르고 윤기가 있는지 확인한다.
③ 사람이 오는 것을 불편해 한다.
④ 걸을 때 통증 소견을 보인다.

**14.** 하임리히법에 대한 내용으로 옳지 않은 것은?

① 어린 강아지의 경우에는 이들의 뒷다리를 잡아 반대로 들어 올려서 털어준다.
② 이물질이 육안으로도 발견되는 즉시 시행한다.
③ 통상적으로 압박 추천횟수는 5회 정도이다.
④ 반려견의 기도에 이물질 등이 걸렸을 때 시행한다.

15. 주로 성장기 강아지와 털이 짧은 견종에게 호발하며 모낭을 파괴하는 피부질환은?

  ① 모낭충증
  ② 항문낭염
  ③ 피부사상균증
  ④ 개선충증

16. 반려견의 요로결석 증상으로 옳지 않은 것은?

  ① 적은 양의 소변을 자주 배뇨한다.
  ② 배뇨 시 통증 소견을 보인다.
  ③ 주로 암컷에게서 많이 발병한다.
  ④ 소변에 혈액에 혼합되어 나온다.

17. 중형견의 정상적인 맥박 수는?

  ① 100 ~ 140회/분
  ② 90 ~ 130회/분
  ③ 80 ~ 120회/분
  ④ 70 ~ 110회/분

18. 개의 저혈압 원인으로 옳지 않은 것은?

  ① 심박출량의 감소
  ② 저혈량
  ③ 심장질환
  ④ 말초혈관의 확장

19. 반려견 미용에 사용하는 커브 가위에 관한 설명으로 옳은 것은?

  ① 주로 반려견의 얼굴 라인을 커트할 때 활용된다.
  ② 눈앞의 털을 커트할 때 주로 활용된다.
  ③ 가위의 날이 휘어 있어서 동그랗게 커트해야 하는 부분을 용이하게 자를 수 있다.
  ④ 주로 털의 길이를 자르며 다듬는 데 활용한다.

20. 반려견 염색에서 펜을 입으로 불어 활용하며, 분사량 및 분사거리에 따라 실제 발색력이 다른 일회성인 염색제는 무엇인가?

  ① 글리터 젤
  ② 페인트 펜
  ③ 블로우 펜
  ④ 초크

**03**     반려동물 훈련학(20문항)

**1.** 경비 호신 훈련에 많이 사용되는 교육 도구는?

① 하네스
② 아티클
③ 블라인드
④ 줄 스틱

**2.** 훈련의 기초자세로 옳지 않은 것은?

① 훈련 및 놀이의 개념을 구분한다.
② 훈련에 들어가기 전 개의 컨디션 상태를 체크한다.
③ 훈련의 목적이 아닌 훈련의 시간이 중요하다.
④ 훈련에 있어 칭찬 및 통제의 중요성을 이해한다.

**3.** 개의 훈련에 있어 강화의 원칙으로 옳지 않은 것은?

① 강화물이 미끼 또는 뇌물 등이 아니라는 것을 구분시켜
줘야 한다.
② 과제가 어려울수록 강화물의 가치는 그만큼 낮아져야
한다.
③ 강화의 다양성은 학습 과정에 있어 교육 효과를 향상시
킨다.
④ 강화물 전달의 적절한 타이밍은 필수적인 요소이다.

**4.** 반려견의 상황적인 강화체가 아닌 것은?

① 눈맞춤
② 음식
③ 스킨십
④ 장난감

**5.** 다양한 냄새를 맡게 해주는 것은 풍부화 요소 중 어떤 요
소에 해당하는가?

① 감각적인 요소
② 환경적인 요소
③ 사회적인 요소
④ 인지적인 요소

**6.** 보호자와 반려견 사이의 상호 신뢰와 함께 친밀감을 향상시
켜주고 즐겁게 배울 수 있는 기회를 제공하는 놀이 교육에
대한 내용으로 옳지 않은 것은?

① 정확한 동작을 유지하고 있을 때 보상한다.
② 반려견이 좋아하는 간식으로 보상한다.
③ 가급적 저녁 식사 이후에 교육한다.
④ 신나고 활기찬 목소리로 반려견에게 동기를 부여한다.

**7.** 반려견의 훈련 및 보상에 대한 설명으로 적절하지 않은 것은?

① 강화 또는 체벌은 행동이 일어나고 있는 동안에는 시행
하지 않는다.
② 일관성 있는 규칙을 가지고 적절한 타이밍에 적절한 피
드백을 전달해야 한다.
③ 자발적인 조건 부여의 원리들을 효과적으로 실행하기
위해서는 반드시 연습이 필요하다.
④ 클리커 훈련 시 클릭 후 행동을 멈출 때 보상해야 한다.

**8.** 식분증 교정으로 옳지 않은 것은?

① 반려견이 약속된 행동을 따르도록 예절교육을 시행한다.
② 질환이나 영양 결핍을 확인한다.
③ 아침저녁으로 충분한 산책을 한다.
④ 반려견이 배변 실수를 하거나 먹을 경우 관심을 주지 않는다.

**9.** 조형의 법칙(Law of Shaping)으로 옳지 않은 사항은?

① 교육이 지속되게 하라
② 한 번에 하나의 기준을 교육시켜라
③ 학습자인 개보다 앞서 나가지 마라
④ 필요하다면 돌아가라

**10.** 강아지의 교육용 간식에 관한 내용으로 옳지 않은 것은?

① 교육용 간식은 강아지가 맛을 음미하면서 천천히 삼킬 수 있는 간식이어야 한다.
② 끈적거리고 쉽게 부서지는 간식은 피한다.
③ 일반적인 기준의 건강한 간식을 넘어서서 강아지들의 건강 상태에 적합한지 확인한다.
④ 난이도가 높은 훈련일 경우 기호성이 높은 간식을 제공한다.

**11.** 반려견들의 알파 증후군을 유발하는 보호자들의 잘못된 행동이 아닌 것은?

① 일관성이 없는 태도 및 신뢰받지 못할 행동 등을 한다.
② 외출 시 반려견에게 말을 걸거나 먹이를 던져준다.
③ 불필요한 강아지의 응석 또는 잘못된 요구 등을 받아준다.
④ 서열이 확립되지 않은 상태에서 침대 또는 소파 등에서 같이 자고 논다.

**12.** 기본예절 훈련 종류로 옳은 것은?

① 구르기
② 집에 들어가기
③ 장난감 가져오기
④ 따라 걷기

**13.** 산책 시 반려견이 보호자 뒤에서 따라올 때 의미로 옳은 것은?

① 심리적으로 안정되어 있음을 의미한다.
② 주변환경에 위축되고 경계하고 있는 상태다.
③ 서열의 우월성을 느끼고 있다.
④ 공격적인 성향이 나타난 상태다.

**14.** 반려견이 견딜 수 있는 한계를 넘어선 특정한 대상에 대해서 나타나는 행동학적 또는 생리학적 공포 반응은?

① 상동장애
② 공포증
③ 분리불안
④ 특발성 공격행동

**15.** 반려견이 흥분도가 높아졌을 때 내뱉게 되는 일종의 감탄사처럼 아무 이유 없이 짖는 것을 무엇이라고 하는가?

① 회피성 짖음
② 헛짖음
③ 요구성 짖음
④ 불안성 짖음

**16.** 세계 3대 도그쇼로 옳지 않은 것은?

① FCI 월드 도그쇼
② 크러프츠 도그쇼
③ 웨스트민스터 도그쇼
④ KKF 챔피언십 도그쇼

**17.** 선제 공격형 개(Offensive Dog)에 관한 내용으로 옳지 않은 것은?

① 코에 주름이 생긴다.
② 꼬리는 단단하게 서 있다.
③ 털이 곤두서 있다.
④ 동공이 열려 있다.

**18.** 반려견 훈련 시 성격적인 측면에서 고려해야 할 사항이 아닌 것은?

① 소극적인 개의 경우 항상 칭찬을 많이 해주며 자신감을 잃지 않도록 해야 한다.
② 집중력이 좋은 개의 경우 오히려 물건에 대한 집착이 있을 수 있으므로 침착성을 갖게 하면서 훈련을 시작해야 한다.
③ 산만한 개의 경우 집중력을 모으기 위해 훈련시간을 길게 하는 것이 가장 좋다.
④ 고집이 센 개의 경우 냉정하고 단호하게 훈련을 실시하여 나쁜 고집이 형성되지 않도록 한다.

**19.** BH 시험 규정 중 일반 규칙으로 옳지 않은 것은?

① 핸들러는 FCI 자격증을 취득하였거나 소속 국가가 발급한 인증 자격의 취득을 증명해야 한다.
② 경기에 참가하고자 하는 모든 핸들러는 규정에 관한 필기시험을 통과해야 한다.
③ 견종에 따라 참가 가능한 최소 월령이 상이하다.
④ BH 경기가 개최되기 위해서는 최소 네 마리 이상의 개가 참가해야 한다.

**20.** 반려견에게 문제 행동과 양립할 수 없는 다른 행동을 요구하는 반려견 문제행동 교정 방법은?

① 약화
② 노출
③ 대안행동
④ 역조건화

<table>
<tr><td>04</td><td>직업윤리 및 법률(20문항)</td></tr>
</table>

1. 「동물보호법」상 적정한 사육 · 관리에 관한 내용으로 옳지 않은 것은?

① 소유자 등은 재난 시 동물이 안전하게 대피할 수 있도록 노력하여야 한다.

② 소유자 등은 동물을 관리하거나 다른 장소로 옮긴 경우에는 그 동물이 새로운 환경에 자연스럽게 적응하도록 방치하여야 한다.

③ 소유자 등은 동물이 질병에 걸리거나 부상을 당한 경우에는 신속하게 치료하거나 그 밖에 필요한 조치를 하도록 노력하여야 한다.

④ 소유자 등은 동물에게 적합한 사료와 물을 공급하고, 운동 · 휴식 및 수면이 보장되도록 노력하여야 한다.

2. 「동물보호법」상 반려동물행동지도사 자격시험에 관한 내용으로 옳지 않은 것은?

① 반려동물행동지도사가 되려는 사람은 농림축산식품부 장관이 시행하는 자격시험에 합격하여야 한다.

② 반려동물행동지도사 자격시험의 시험과목, 시험방법, 합격 기준 및 자격증 발급 등에 관한 사항은 농림축산식품부령으로 정한다.

③ 농림축산식품부 장관은 자격시험의 시행 등에 관한 사항을 대통령령으로 정하는 바에 따라 관계 전문기관에 위탁할 수 있다.

④ 반려동물의 행동분석 · 평가 및 훈련 등에 전문지식과 기술을 갖추었다고 인정되는 대통령령으로 정하는 기준에 해당하는 사람에게는 자격시험 과목의 일부를 면제할 수 있다.

3. 「소비자기본법」상 소비자중심경영의 인증에 관한 내용으로 옳지 않은 것은?

① 소비자중심경영인증을 받으려는 사업자는 대통령령으로 정하는 바에 따라 공정거래위원회에 신청하여야 한다.

② 공정거래위원회는 소비자 중심경영을 활성화하기 위하여 대통령령으로 정하는 바에 따라 소비자 중심경영인증을 받은 기업에 대하여 포상 또는 지원 등을 할 수 있다.

③ 소비자중심경영인증의 유효기간은 그 인증을 받은 날부터 2년으로 한다.

④ 소비자중심경영인증을 받은 사업자는 대통령령으로 정하는 바에 따라 그 인증의 표시를 할 수 있다.

4. 「소비자기본법」상 사업자가 제공하는 물품 또는 용역을 소비생활을 위하여 사용하는 자 또는 생산활동을 위하여 사용하는 자로서 대통령령이 정하는 자는 누구인가?

① 사업자단체
② 사업자
③ 소비자단체
④ 소비자

5. 「수의사법」상 수의사는 농림축산식품부령으로 정하는 바에 따라 최초로 면허를 받은 후부터 몇 년마다 그 실태와 취업상황 등을 대한 수의사회에 신고하여야 하는가?

① 4년
② 3년
③ 2년
④ 1년

**6.** ( ) 안에 들어갈 말로 가장 적절한 것은?

> 동물병원 개설자가 동물진료업을 휴업하거나 폐업한 경우에는 지체 없이 관할 시장·군수에게 신고하여야 한다. 다만, ( ) 이내의 휴업인 경우에는 그러하지 아니하다.

① 5일
② 15일
③ 20일
④ 30일

**7.** 직업윤리 및 개인윤리의 조화에 대한 내용으로 가장 적절하지 않은 것은?

① 특수 직무 상황에서는 개인적 덕목 차원의 일반적인 상식 및 기준으로는 규제할 수 없는 경우가 적다.
② 직장이라는 특수상황에서 갖는 집단적 인간관계는 가족관계나 개인적 선호에 의한 친분 관계와는 다른 측면의 배려가 요구된다.
③ 많은 사람이 관련되어 고도화된 공동의 협력을 요구하므로 맡은 역할에 대한 책임완수가 필요하며, 정확하고 투명하게 일을 처리해야 한다.
④ 업무상 개인의 판단과 행동이 사회적 영향력이 큰 기업 시스템을 통하여 다수 이해관계자와 관련을 맺게 된다.

**8.** 직업의식은 직업에 대한 가치, 인식, 태도로 규정할 수 있다. 다음 중 직업의식에 대한 설명으로 적절하지 않은 것은?

① 직업과 업무를 개인의 신념으로 판단하여 행동한다.
② 일을 대하는 태도, 관념, 습관 등을 포괄적으로 이른다.
③ 시대적 상황에 따라 유동적이다.
④ 높은 급여, 일자리 안정성 등은 내재적 가치에 해당한다.

**9.** 「소비자기본법」상 소비자 생명·신체 또는 재산에 대한 위해를 방지하기 위해 사업자가 지켜야 할 기준으로 옳은 것은?

① 물품 등의 성분·함량·구조 등 안전에 관한 중요한 사항
② 사용방법, 사용·보관할 때의 주의사항 및 경고사항
③ 표시의 크기·위치 및 방법
④ 물품 등에 따른 불만이나 소비자 피해가 있는 경우의 처리기구 및 처리방법

**10.** 「소비자기본법」상 한국소비자원의 업무에 관한 사항으로 옳지 않은 것은?

① 소비자의 불만처리 및 피해구제
② 국가 또는 지방자치단체가 소비자의 권익증진과 관련하여 의뢰한 조사 등의 업무
③ 소비자의 권익증진·안전 및 소비생활의 향상을 위한 정보의 수집·제공 및 국제협력
④ 판매자의 권익과 관련된 제도와 정책의 연구 및 건의

**11.** 「수의사법」상 수의사 국가시험에 관한 내용으로 옳지 않은 것은?

① 수의사 국가시험 실시에 필요한 사항은 대통령령으로 정한다.
② 수의사 국가시험은 매년 보건복지부 장관이 시행한다.
③ 농림축산식품부 장관은 수의사 국가시험의 관리를 대통령령으로 정하는 바에 따라 시험 관리 능력이 있다고 인정되는 관계 전문기관에 맡길 수 있다.
④ 수의사 국가시험은 동물의 진료에 필요한 수의학과 수의사로서 갖추어야 할 공중위생에 관한 지식 및 기능에 대하여 실시한다.

**12.** 「수의사법」상 동물진료법인의 설립 허가에 관한 사항으로 옳지 않은 것은?

① 동물진료법인은 그 법인이 개설하는 동물병원에 필요한 시설이나 시설을 갖추는 데에 필요한 자금을 보유하여야 한다.

② 동물진료법인이 재산을 처분하거나 정관을 변경하려면 농림축산식품부 장관의 허가를 받아야 한다.

③ 동물진료법인이 아니면 동물진료법인이나 이와 비슷한 명칭을 사용할 수 없다.

④ 동물진료법인을 설립하려는 자는 대통령령으로 정하는 바에 따라 정관과 그 밖의 서류를 갖추어 그 법인의 주된 사무소의 소재지를 관할하는 시 · 도지사의 허가를 받아야 한다.

**13.** 동물보호의 기본원칙으로 적절하지 않은 것은?

① 동물이 언제라도 자유로이 여행을 할 수 있도록 할 것

② 동물이 고통 · 상해 및 질병으로부터 자유롭도록 할 것

③ 동물이 공포와 스트레스를 받지 아니하도록 할 것

④ 동물이 갈증 및 굶주림을 겪거나 영양이 결핍되지 아니하도록 할 것

**14.** 「소비자기본법」상 소비자의 권익증진 관련 기준의 준수에 관한 설명으로 옳지 않은 것은?

① 국가가 정한 표시기준을 위반하여서는 아니 된다.

② 국가가 정한 기준에 위반되는 물품 등을 제조 · 수입 · 판매하거나 제공하여서는 아니 된다.

③ 국가가 정한 개인정보의 보호 기준을 위반해도 된다.

④ 국가가 정한 광고 기준을 위반하여서는 아니 된다.

**15.** 「수의사법」상 동물 진단용 특수의료장비의 설치 · 운영에 관한 내용으로 옳지 않은 것은?

① 동물을 진단하기 위하여 농림축산식품부장관이 고시하는 의료장비를 설치 · 운영하려는 동물병원 개설자는 농림축산식품부령으로 정하는 바에 따라 그 장비를 농림축산식품부장관에게 등록하여야 한다.

② 동물병원 개설자는 동물 진단용 특수의료장비를 보건복지부령으로 정하는 설치 인정기준에 맞게 설치 · 운영하여야 한다.

③ 동물병원 개설자는 품질관리검사 결과 부적합 판정을 받은 동물 진단용 특수의료장비를 사용하여서는 안된다.

④ 동물병원 개설자는 동물 진단용 특수의료장비를 설치한 후에는 농림축산식품부령으로 정하는 바에 따라 농림축산식품부장관이 실시하는 정기적인 품질관리검사를 받아야 한다.

**16.** 「동물보호법」상 동물실험의 원칙에 대한 내용으로 옳지 않은 것은?

① 동물실험은 실험동물의 윤리적 취급과 과학적 사용에 관한 지식과 경험을 보유한 자가 시행하여야 하며 필요한 최소한의 동물을 사용하여야 한다.

② 실험동물의 고통이 수반되는 실험을 하려는 경우에는 감각 능력이 낮은 동물을 사용하고 진통제 · 진정제 · 마취제의 사용 등 수의학적 방법에 따라 고통을 덜어주기 위한 적절한 조치를 하여야 한다.

③ 동물실험을 한 자는 그 실험이 끝난 후 지체 없이 해당 동물을 검사하여야 하며, 검사 결과 정상적으로 회복한 동물이라도 실험에 활용되었으므로 기증하거나 분양할 수 없다.

④ 동물실험은 인류의 복지 증진과 동물 생명의 존엄성을 고려하여 실시되어야 한다.

**17.** 「소비자기본법」상 한국소비자원의 정관에 기재해야 하는 사항으로 옳지 않은 것은?

① 재산 및 회계에 관한 사항
② 목적
③ 외부규정의 제정 및 개정에 관한 사항
④ 이사회의 운영에 관한 사항

**18.** 농림축산식품부 장관이 인증농장에 대해 지원할 수 있는 내용으로 거리가 먼 것은?

① 인증농장에서 생산한 축산물의 재판매를 위한 거래경쟁시장 발굴에 대한 방안의 강구
② 인증농장에서 생산한 축산물의 해외시장의 진출·확대를 위한 정보제공, 홍보활동 및 투자유치
③ 인증농장의 환경개선 및 경영에 관한 지도·상담 및 교육
④ 동물의 보호·복지 증진을 위하여 축사시설 개선에 필요한 비용

**19.** 「소비자기본법」상 조정위원의 위원에 해당하는 자는?

① 대학이나 공인된 연구기관에서 정규직에 있었던 자
② 소비자단체의 임원의 직에 있거나 있었던 자
③ 6급 이상의 공무원 또는 이에 상당하는 공공기관의 직에 있거나 있었던 자
④ 대통령령이 정하는 경제단체에서 추천하는 소비자대표

**20.** 「동물보호법」상 명예동물보호관에 대한 내용으로 옳지 않은 것은?

① 농림축산식품부 장관, 시·도지사 및 시장·군수·구청장은 동물의 학대 방지 등 동물보호를 위한 지도·계몽 등을 위하여 명예동물보호관을 위촉할 수 있다.
② 명예동물보호관의 자격, 위촉, 해촉, 직무, 활동 범위와 수당의 지급 등에 관한 사항은 농림축산식품부령으로 정한다.
③ 명예동물보호관이 그 직무를 수행하는 경우에는 신분을 표시하는 증표를 지니고 이를 관계인에게 보여주어야 한다.
④ 명예동물보호관은 직무를 수행할 때에는 부정한 행위를 하거나 권한을 남용하여서는 아니 된다.

## 05 보호자 교육 및 상담(20문항)

**1.** 다견가정 입양 시 주의사항으로 적절하지 않은 것은?

① 사료를 줄 때에는 사료 먹는 장소를 분리하지 않는 것이 좋다.
② 새로 오는 반려견을 입양할 경우 이전에 존재하는 반려견의 특성을 고려해야 한다.
③ 대형견 및 소형견의 조합인 경우 소형견이 다칠 위험성이 높다.
④ 암캐 및 수캐의 조합인 경우 발정기에 나타날 수 있는 문제에 대한 방안이 필요하다.

**2.** 강아지 먹이를 주는 방법으로 적절하지 않은 것은?

① 성장에 따라 머리 높이에 맞게 밥그릇의 높이를 조절해 주어야 한다.
② 일정한 분량의 먹이를 제공해야 한다.
③ 다양한 맛을 느낄 수 있도록 사료를 자주 바꿔줘야 한다.
④ 정해진 밥그릇, 물그릇 등을 제공하며 강아지들의 청결에 신경을 써야 한다.

**3.** 커뮤니케이션에 관한 내용 중 옳지 않은 것은?

① 커뮤니케이션은 정보, 감정, 지식, 태도 등을 음성 또는 문자 등을 통해 이를 전달하거나 교환함으로써 서로 간의 공감대를 만드는 의사전달과정을 말한다.
② 커뮤니케이션은 고객들로부터 명확한 정보를 취득하기 위한 수단이다.
③ 커뮤니케이션은 상대와 어떠한 관계에 있는지에 따라 주거니 받거니 하는 내용 또는 전달방식이 달라진다.
④ 커뮤니케이션은 단방향으로 진행되는 활동이다.

**4.** 구성원들이 자신이 속한 집단이나 조직에서 이루어지는 고충, 기쁨, 만족감이나 불쾌감 등을 토로하며 자신의 감정을 표출하고 다른 사람과의 교류를 넓혀나가는 커뮤니케이션 기능은?

① 정보전달기능
② 정서기능
③ 동기유발기능
④ 통제기능

**5.** 커뮤니케이션에 대한 상황장애요인으로 옳지 않은 것은?

① 정보의 과중
② 커뮤니케이션 분위기의 문제
③ 어의상의 문제
④ 언어적 메시지

**6.** I—Message에 대한 설명으로 적절하지 않은 것은?

① 상대에게 개방적이라는 느낌을 전달하게 된다.
② 상대에게 솔직하다는 느낌을 전달하게 된다.
③ 상대가 나의 입장과 감정을 전달해서 상호 이해를 돕는다.
④ 상대는 변명하려 하거나 반감, 저항, 공격성을 보인다.

**7.** 효과적인 주장을 하기 위한 AREA 법칙에 대한 설명으로 적절하지 않은 것은?

① 주장(assertion) – 주장의 핵심을 먼저 말한다.
② 이유(reasoning) – 주장의 근거를 설명한다.
③ 증거(evidence) – 주장의 근거에 대한 증거를 제시한다.
④ 주장(assertion) – 주장의 근거로 설득한다.

**8.** 고객의 특징 중 적절하지 않은 것은?

① 고객은 회사가 자신을 알아주기를 바란다.
② 고객은 첫인상 등에 상당히 민감하다.
③ 고객은 쉽게 변하지 않는다.
④ 고객은 신속하면서도 명확한 서비스를 좋아하며 기대한다.

**9.** 보호자 상담 시 피해야 하는 질문 유형은?

① 폐쇄형 질문
② 개방형 질문
③ '왜(why)' 질문
④ 응답 되풀이 질문

**10.** 보호자와 상담 시 라포 형성 방법 중 언어적 의사소통 기술로 옳은 것은?

① 보호자의 감정적 호소에 호응한다.
② 보호자와 눈을 맞추며 대화한다.
③ 보호자의 자세를 관찰하고 적절히 대응한다.
④ 보호자의 표정을 관찰하고 적절히 대응한다.

**11.** 고객에 대한 컴플레인 응대의 원칙이 아닌 것은?

① 사과
② 정보의 활용
③ 책임의 공유
④ 과정 비공개

**12.** 컴플레인 해결의 기본원칙에 속하지 않는 것은?

① 언어절제의 원칙
② 감정통제의 원칙
③ 역지사지의 원칙
④ 진실성의 원칙

**13.** 개방형 질문에 대한 설명으로 옳지 않은 것은?

① 주관식 형태의 자유로운 답을 할 수 있는 질문의 형태
　 이다.
② 응답자들로부터 창의적인 응답의 추출이 가능하다.
③ 나타난 대안 중에서 선택을 해야 하는 문제점이 존재한다.
④ 이렇게 수집한 내용에 대해서 코딩하기가 상당히 어렵다.

**14.** 화법에 대한 내용으로 옳지 않은 것은?

① 보상화법은 단점이 있으면 반대급부로 장점이 있기 마련
　 이라는 것을 강조한다.
② 전달화법은 상대방의 잘못을 객관적으로 전달하는 것이다.
③ 신뢰화법은 상대와의 대화를 통해 신뢰를 얻는 것이다.
④ 청유형화법은 명령이 아닌 부탁이나 공유하는 등의 표현
　 을 사용한다.

**15.** 효과적인 화법요소가 아닌 것은?

① 직접성
② 성실성
③ 명료성
④ 주관성

**16.** 반려견 보호자로부터 대면 폭언을 들었을 경우, 대처 방법
으로 옳지 않은 것은?

① 응대 종료
② 녹음 및 녹화 안내
③ 궁극적 동기에 대한 이해
④ 폭력 및 협박 관련 법규 위반 안내

**17.** 반려견 보호자의 민원유형에 대한 설명으로 옳지 않은 것은?

① 간접 반려견 보호자 – 최종적인 소비를 하는 반려견 보호자이다.

② 잠재 반려견 보호자 – 추후 활용 가능성이 있거나 또는 높은 반려견 보호자이다.

③ 일반 반려견 보호자 – 지속적으로 기관과 믿음을 형성하며 동시에 우호적인 반려견 보호자이다.

④ 불량 반려견 보호자 – 소비자보호법을 악용해 반려견 관련 제품(먹이, 미용용품 등)을 지속적으로 반품을 시도하는 고객이다.

**18.** 커뮤니케이션 이론의 메라비언의 법칙에서 이미지 형성 시 시각적인 부분이 차지하는 비중은 얼마인가?

① 22%
② 37%
③ 48%
④ 55%

**19.** 사람들과의 관계에서 서로에게 호감을 느끼고 긍정적인 관계를 형성 즉, 신뢰와 친근함으로 이루어지는 관계를 무엇이라고 하는가?

① 라포(rapport)
② 보호(protection)
③ 따스함(warm)
④ 행동(behavior)

**20.** 기존의 신념 및 갈등 등을 일으키게 되는 메시지는 부정하거나 왜곡하고 이에 대해 귀를 기울이지 않으며 해당 정보를 거부하려는 경향을 무엇이라고 하는가?

① 신뢰도의 결핍
② 선택적 청취
③ 선입관
④ 반응적 피드백의 부족

# 반려동물 행동지도사
## 봉투모의고사

**성 명**

(자 필 성 명)

**생 년 월 일**

| 01 반려동물 행동학 | | | | | 02 반려동물 관리학 | | | | | 03 반려동물 훈련학 | | | | | 04 직업윤리 및 법률 | | | | | 05 보호자 교육 및 상담 | | | | |
|---|---|---|---|---|---|---|---|---|---|---|---|---|---|---|---|---|---|---|---|---|---|---|---|---|
| 1 | ① | ② | ③ | ④ | 21 | ① | ② | ③ | ④ | 41 | ① | ② | ③ | ④ | 61 | ① | ② | ③ | ④ | 81 | ① | ② | ③ | ④ |
| 2 | ① | ② | ③ | ④ | 22 | ① | ② | ③ | ④ | 42 | ① | ② | ③ | ④ | 62 | ① | ② | ③ | ④ | 82 | ① | ② | ③ | ④ |
| 3 | ① | ② | ③ | ④ | 23 | ① | ② | ③ | ④ | 43 | ① | ② | ③ | ④ | 63 | ① | ② | ③ | ④ | 83 | ① | ② | ③ | ④ |
| 4 | ① | ② | ③ | ④ | 24 | ① | ② | ③ | ④ | 44 | ① | ② | ③ | ④ | 64 | ① | ② | ③ | ④ | 84 | ① | ② | ③ | ④ |
| 5 | ① | ② | ③ | ④ | 25 | ① | ② | ③ | ④ | 45 | ① | ② | ③ | ④ | 65 | ① | ② | ③ | ④ | 85 | ① | ② | ③ | ④ |
| 6 | ① | ② | ③ | ④ | 26 | ① | ② | ③ | ④ | 46 | ① | ② | ③ | ④ | 66 | ① | ② | ③ | ④ | 86 | ① | ② | ③ | ④ |
| 7 | ① | ② | ③ | ④ | 27 | ① | ② | ③ | ④ | 47 | ① | ② | ③ | ④ | 67 | ① | ② | ③ | ④ | 87 | ① | ② | ③ | ④ |
| 8 | ① | ② | ③ | ④ | 28 | ① | ② | ③ | ④ | 48 | ① | ② | ③ | ④ | 68 | ① | ② | ③ | ④ | 88 | ① | ② | ③ | ④ |
| 9 | ① | ② | ③ | ④ | 29 | ① | ② | ③ | ④ | 49 | ① | ② | ③ | ④ | 69 | ① | ② | ③ | ④ | 89 | ① | ② | ③ | ④ |
| 10 | ① | ② | ③ | ④ | 30 | ① | ② | ③ | ④ | 50 | ① | ② | ③ | ④ | 70 | ① | ② | ③ | ④ | 90 | ① | ② | ③ | ④ |
| 11 | ① | ② | ③ | ④ | 31 | ① | ② | ③ | ④ | 51 | ① | ② | ③ | ④ | 71 | ① | ② | ③ | ④ | 91 | ① | ② | ③ | ④ |
| 12 | ① | ② | ③ | ④ | 32 | ① | ② | ③ | ④ | 52 | ① | ② | ③ | ④ | 72 | ① | ② | ③ | ④ | 92 | ① | ② | ③ | ④ |
| 13 | ① | ② | ③ | ④ | 33 | ① | ② | ③ | ④ | 53 | ① | ② | ③ | ④ | 73 | ① | ② | ③ | ④ | 93 | ① | ② | ③ | ④ |
| 14 | ① | ② | ③ | ④ | 34 | ① | ② | ③ | ④ | 54 | ① | ② | ③ | ④ | 74 | ① | ② | ③ | ④ | 94 | ① | ② | ③ | ④ |
| 15 | ① | ② | ③ | ④ | 35 | ① | ② | ③ | ④ | 55 | ① | ② | ③ | ④ | 75 | ① | ② | ③ | ④ | 95 | ① | ② | ③ | ④ |
| 16 | ① | ② | ③ | ④ | 36 | ① | ② | ③ | ④ | 56 | ① | ② | ③ | ④ | 76 | ① | ② | ③ | ④ | 96 | ① | ② | ③ | ④ |
| 17 | ① | ② | ③ | ④ | 37 | ① | ② | ③ | ④ | 57 | ① | ② | ③ | ④ | 77 | ① | ② | ③ | ④ | 97 | ① | ② | ③ | ④ |
| 18 | ① | ② | ③ | ④ | 38 | ① | ② | ③ | ④ | 58 | ① | ② | ③ | ④ | 78 | ① | ② | ③ | ④ | 98 | ① | ② | ③ | ④ |
| 19 | ① | ② | ③ | ④ | 39 | ① | ② | ③ | ④ | 59 | ① | ② | ③ | ④ | 79 | ① | ② | ③ | ④ | 99 | ① | ② | ③ | ④ |
| 20 | ① | ② | ③ | ④ | 40 | ① | ② | ③ | ④ | 60 | ① | ② | ③ | ④ | 80 | ① | ② | ③ | ④ | 100 | ① | ② | ③ | ④ |

SEOWONGAK

서원각

# 반려동물
# 행동지도사 2급

## [제2회 정답 및 해설]

| 제 2 회 | 정답 및 해설 |
| --- | --- |

| 01 | 반려동물 행동학 | | | | | | | | |
| --- | --- | --- | --- | --- | --- | --- | --- | --- | --- |
| 1 | ② | 2 | ② | 3 | ③ | 4 | ③ | 5 | ① |
| 6 | ① | 7 | ① | 8 | ② | 9 | ④ | 10 | ③ |
| 11 | ② | 12 | ② | 13 | ② | 14 | ④ | 15 | ① |
| 16 | ③ | 17 | ① | 18 | ③ | 19 | ④ | 20 | ① |

## 1 ②

② 궁극요인은 동물행동의 생물학적 의미를 연구하는 것이다.

## 2 ②

② 본래 기능에 따르면 진돗개는 수렵견 또는 가정 경비견이다.

## 3 ③

① 마약 냄새를 맡으며 마약을 탐지하는 역할을 한다.
② 사람의 귀 역할을 하며 테리어 견종이 적합하다.
④ 개를 매개로 취약계층 또는 심리적 안정이 필요한 사람들과 소통하며 감정교류 역할을 한다.

## 4 ③

③ 반려견의 경우 사람에 비해 위의 용적량이 크기 때문에 한 번에 많은 양의 먹이 섭취가 가능하다.

## 5 ①

① 이행기에는 반려견이 후각적으로 많은 호기심을 나타내고 주변의 환경(사람, 동물 등)을 인지하기 시작한다.

## 6 ①

① 통상적으로 개의 나이가 생후 1년일 때 인간의 나이는 청소년기(중ㆍ고등학생)이다.
② 통상적으로 개의 나이가 5년이면 인간의 나이는 약 40대 시작이다.
③ 통상적으로 개의 나이가 7년이면 인간의 나이는 약 50대 시작이다.
④ 통상적으로 개의 나이가 10년이면 인간의 나이는 약 60대이다.

## 7 ①

① 말티즈(maltese)는 3000 ~ 3500년경 전부터 지중해의 몰타 섬에서 살았다. 몰타 섬 주변의 카르타고, 로마, 그리스 같은 고대 도시 국가의 상류층에서도 큰 인기를 얻은 품종이다. 사람이 인위적으로 만들지 않은 자연 품종 중에서 충성심이 가장 강해서 그리스인들의 경우에는 말티즈가 죽으면 주인 무덤 옆에 묻어 주거나 개를 위한 사원을 만들어 주었다.

## 8 ②

② 반려견 꼬리의 경우 공격적일 땐 높이 올라가는 형태를 띠며, 상대에 대해 복종할 땐 낮게 내리거나 또는 배의 아래로 말리는 형태를 띤다.

## 9 ④

④ 낮고 굵은 음의 으르렁거림은 공격적 자세를 수반한다. 용기가 없는 개가 일종의 강한 척할 때는 으르렁거리는 음이 높아졌다 낮아졌다 하는 형태로 나타난다.

## 10 ③

③ 시츄(shih tzu)는 티벳에서 유래하였다. 중국의 경우 사자가 악귀를 쫓아내고 재물을 지켜준다고 해서 굉장히 신성시됐는데, 사자와 닮은 시츄도 신성시하였다. 이러한 시츄는 중국 고위 관료나 왕족만 키울 수 있을 정도로 귀하게 여겨졌다. 1980년대 우리나라에도 들어와 키우기 시작하였으며 10마리 중 9마리는 성격이 상당히 느긋하고 낙천적이지만 덩치에 맞지 않게 식탐이 많다.

## 11 ②

② 웰시코기(welsh corgi)는 영국 웨일즈 지방의 빈민들이 목축을 위해 기르던 품종으로 12세기경 영국 왕 리처드 1세가 데려가 키우면서 영국 왕실의 개가 되었다. 대중들에게도 왕실의 개로 소개되면서 많은 인기를 얻기 시작하였다. 소몰이 개 웰시코기는 가축들 다리 사이로 뛰어다니기 알맞도록 짧은 다리를 가지고 있는데 다리에 비해 몸집이 크고 둥글며, 더불어 허리가 길다는 특징을 지닌다.

## 12 ②

② 분쟁회피 기능은 반려견이 위협이나 침략의 의사가 없음을 알리는 것을 말한다. 반려견이 적의가 없음을 알리고 상대를 진정시키는 기능은 진정신호 기능이다.

## 13 ②

② 온몸이 흔들릴 정도로 꼬리를 흔드는 것을 아주 즐거움을 의미한다.

## 14 ④

④ 보호자와 반려견은 서로 간 쌍방향적이며, 연속적인 관계가 유지되어야 한다.

## 15 ①

동물실험의 3R 원칙

㉠ 감소(reduction) : 가능한 한 실험에 사용되는 동물의 수를 감소시키는 것으로, 보다 적은 수의 동물을 사용해 필적할 만한 정보를 얻거나, 또는 동일한 동물 수로부터 더 많은 정보를 얻기 위한 방법을 찾는 것을 의미한다.

㉡ 대체(replacement) : 동물에 대한 실험을 수행하지 않고도 연구의 목적을 달성할 수 있는 방법이 있다면 이것으로 동물실험을 대신하는 것을 의미한다.

㉢ 개선(refinement) : 동물에 대한 실험을 대체할 수 없어서 최소한으로 동물을 활용할 경우 동물에게 가해지는 비인도적 처치의 발생을 감소시켜 주는 것 즉, 실험으로 인해 가해지는 통증 및 스트레스를 줄이고 동물의 행복을 향상시켜 주는 것을 의미한다.

## 16 ③

③ 통상적으로 개의 발정기는 1년에 2회 정도이다.

## 17 ①

① 웰시 코기는 털의 길이가 짧고 뻣뻣하다. 간혹 유전적 돌연변이로 털이 긴 개체가 나오기도 하지만, 공식 품종 기준으로는 단모종에 해당한다.

**18** ③

③ 테리어는 주로 땅 속에 사는 작은 동물을 잡는 호전적인 개로 농장에서 들쥐나 여우 등을 잡도록 길러진 견종이다. 이들 견종은 잘 짖으며, 땅을 파헤치는 것을 좋아하고, 끈질기며 투쟁심이 강하다.

**19** ④

④ 브러쉬는 반려견의 털에 있는 이물질 및 엉킨 털들을 풀어 줄 때 활용한다.

**20** ①

① 자신을 실제보다 크고 대단한 것처럼 하여 상대에게 위협적인 모습을 보이기 위함이다. 이는 본능을 기반으로 한 행동이다.
② 특정 사건이나 행동에 대한 즉각적인 단순 반응이다.
③ 새로운 행동을 익히는 과정이다.
④ 본능보다 비특정적인 행동으로, 유전에 의해 이루어진다.

| 02 | 반려동물 관리학 | | | | | | | | |
|---|---|---|---|---|---|---|---|---|---|
| 1 | ① | 2 | ① | 3 | ② | 4 | ③ | 5 | ④ |
| 6 | ③ | 7 | ④ | 8 | ① | 9 | ③ | 10 | ④ |
| 11 | ① | 12 | ④ | 13 | ② | 14 | ② | 15 | ① |
| 16 | ③ | 17 | ④ | 18 | ③ | 19 | ③ | 20 | ③ |

**1** ①

① 동물 신체 구성에 있어 몸체를 구성하고 있는 기본 단위는 세포이다.

**2** ①

① 척추는 개의 몸통 골격에서 머리와 몸통하며 무게를 지탱해주고, 움직일 수 있도록 척수신경의 배출구로서의 역할을 수행한다.

**3** ②

② 고관절(엉덩이 관절)은 뒷다리의 관절에 해당한다.

**4** ③

간뇌는 시상 및 시상하부로 구성되며, 이러한 시상의 경우 후각을 제외하고 신체 모든 감각 정보들이 대뇌피질로 전도되는 것에 관여한다. 시상하부의 경우에는 주로 항상성 유지 및 호르몬의 분비 조절 등에 관련한 부분을 수행한다.

**5** ④

앞발가락은 5개이며 엄지 부분은 위쪽으로 올라가서 지면에 닿지 않는다. 뒷발가락은 엄지에 해당하는 부분이 퇴화하여 4개이다.

## 6 ③

③ 개의 청각전달경로는 '소리 → 귓바퀴 → 고막 → 귓속뼈 → 달팽이관 → 청각신경 → 대뇌' 순이다.

## 7 ④

④ 통상적으로 개의 위는 소화기 전체 용적의 60%를 차지한다.

## 8 ①

① 개의 간 중량은 0.4 ~ 0.6kg 정도로, 내부 장기 중에서 가장 크다.

## 9 ③

③ 반려견 신체충실지수(BCS)에 따라 영양학적 상태를 구분하는데, BCS 5등급 평가는 다음과 같다.

| 단계 | 비만 정도 | 기준 |
| --- | --- | --- |
| BCS 1 | 야윔 | 갈비뼈와 뼈의 융기부를 쉽게 관찰할 수 있고 피하지방이 없는 상태 |
| BCS 2 | 저체중 | 약간의 지방이 갈비뼈를 덮고 있으며 골격이 드러나는 상태 |
| BCS 3 | 정상 체중 | 뼈 융기부에 약간의 지방층이 덮고 있으며 갈비뼈를 보고 쉽게 만질 수 있는 상태 |
| BCS 4 | 과체중 | 지방층으로 인해 갈비뼈를 보기 어렵고 쉽게 촉진하기 어려운 상태 |
| BCS 5 | 비만 | 지방이 두껍게 덮여 있어서 갈비뼈를 보거나 촉진할 수 없는 상태 |

## 10 ④

④ 반려견의 나이와 치아 발육 상태는 다음과 같이 파악할 수 있다.

| 구분 | 내용 |
| --- | --- |
| 2개월령 | 유치가 전부 돌출된다. |
| 4개월령 | 위턱과 아래턱 앞니 2개가 영구치로 교체된다. |
| 7개월령 | 모든 유치가 영구치로 교체된다. |
| 1 ~ 2년령 | 아래턱 앞니 2개가 마모된다. |
| 2 ~ 3년령 | 아래턱 앞니 4개가 마모된다. |
| 3 ~ 4년령 | 아래턱 앞니 4개, 위턱 앞니 2개가 마모되며 약간의 치석이 생긴다. |
| 4 ~ 5년령 | 아래턱 앞니 4개, 위턱 앞니 4개가 마모되며 치석이 증가한다. |
| 5년령 이상 | 아래턱 앞니 6개가 마모되고 위턱 앞니 6개가 마모되고 많은 양의 치석이 생긴다. |

## 11 ①

① 정관은 부고환에서 이어지는 것으로 부고환관의 연속관이다.

## 12 ④

④ 반려견의 소변이 맑고 연한 노란색을 띠면 정상 상태임을 알 수 있다. 다음, 다뇨, 소변감소증, 혈뇨, 배뇨곤란은 비정상 상태의 특징이다.

## 13 ②

반려견 발열 증상 확인

㉠ 코가 마르고 윤기가 있는지 확인한다.
㉡ 항문에 체온계를 밀어 넣어 체크하며, 항문에 통증이 있는 경우 귀에 고막 체온계를 넣어 측정한다.
㉢ 귀를 만졌을 때 따뜻하면 열이 있는 상태다.
㉣ 표피층이 얇은 다리 사이를 만져봤을 때 뜨거우면 열이 있는 상태다.
㉤ 입이나 코의 호흡이 평소보다 뜨거우면 열이 있는 상태다.

## 14 ②

② 하임리히법은 육안으로 이물질 등이 발견되지 않을 때 시행한다.

## 15 ①

① 모낭충증은 기생충에 의한 피부질환으로, 모낭중에 감염되어 생긴다. 털이 짧은 견종과 한참 성장하는 강아지에게 호발하며 모낭을 파괴하고 이차 감염을 일으킨다.

## 16 ③

③ 주로 요도가 긴 수컷에서 많이 나타나는 질병이다.

## 17 ④

④ 중형견의 정상적인 맥박 수의 범위는 70 ~ 110회/분이다.

## 18 ③

③ 개의 저혈압 원인으로는 말초혈관의 확장, 저혈량, 심박출량의 감소 등이 있다.

## 19 ③

① 시닝 가위에 대한 설명으로, 시닝 가위는 털을 자연스럽게 연결하고 얼굴 라인을 커트할 때 사용한다.
② 보브 가위에 대한 설명으로 눈앞의 털이나 풋 라인, 귀 끝털을 자를 때 많이 사용한다.
④ 블런트 가위에 대한 설명으로, 털 길이를 자르고 다듬는데 사용한다.

## 20 ③

① 글리터 젤 : 장식용 반짝이로 가루 날림이 적고 접착력이 우수하다.
② 페인트 펜 : 일회성 염색제로 발림성과 발색력이 좋고 원하는 부위에 정교한 작업이 가능하다.
④ 초크 : 젤 타입과 펜 타입 염색제와 함께 사용하며 지속성 염색제를 쓰기 전 초벌용으로 사용한다.

| 03 | 반려동물 훈련학 | | | | | | | | |
|---|---|---|---|---|---|---|---|---|---|
| 1 | ④ | 2 | ③ | 3 | ② | 4 | ② | 5 | ① |
| 6 | ③ | 7 | ① | 8 | ① | 9 | ③ | 10 | ① |
| 11 | ② | 12 | ④ | 13 | ② | 14 | ② | 15 | ② |
| 16 | ④ | 17 | ④ | 18 | ③ | 19 | ③ | 20 | ③ |

## 1 ④

① 하네스 : 후각 훈련 도는 무는 훈련을 할 때 많이 쓰이며, 산책용으로도 쓰이나 예절 교육이 되어 있지 않으면 사용하지 않는 것이 좋다.
② 아티클 : 범인이 도주하고 지나간 자리에 남는 추적 유류품이다.
③ 블라인드 : 삼각형의 천막 지형, 지물 수색 용품이다.

## 2 ③

③ 개에게 훈련의 시간이 중요한 것이 아닌 훈련의 목적을 이해시키는 것이 중요하다.

※ 훈련의 기초 자세
㉠ 훈련에 들어가기 전 개의 컨디션 상태를 체크한다.
㉡ 훈련 및 놀이의 개념을 구분한다.
㉢ 훈련에 들어가기 전, 훈련의 과정을 이해한다.
㉣ 훈련의 마무리는 좋아하는 놀이 또는 보상으로 좋은 기억을 남겨준다.
㉤ 훈련에 있어 칭찬 및 통제의 중요성을 이해한다.
㉥ 보상 및 관심이 올바른 행동으로 만드는 데 최고의 칭찬이다.
㉦ 훈련의 시간이 중요한 것이 아닌 훈련의 목적을 이해시키는 것이 중요하다.
㉧ 야단은 개들에게 정확하게 잘못된 행동이라는 것을 인식시켜주는 과정으로 확실한 언어로 전달한다.
㉩ 실생활에서 활용될 수 있는 교육을 우선으로 하며 개의 본능을 이끌어 내는 것이 필요하다.

**3** ②

강화의 원칙
㉠ 강화물 전달의 적절한 타이밍은 필수적인 요소이다.
㉡ 강화의 다양성은 학습 과정의 교육 효과를 향상시킨다.
㉢ 강화물이 미끼 또는 뇌물이 아니라는 것을 구분시켜 줘야 한다.
㉣ 과제가 어려울수록 강화물의 가치는 그만큼 높아져야 한다.
㉤ 강화하기 전에 강화물은 개들에게 가치가 있는 것으로 선택해야 한다.
㉥ 강화물을 이용한 교육이 80% 이상 성과가 있다면 불규칙하게 주어야 한다.

**4** ②

② 반려견의 상황적인 강화체로는 눈 맞춤, 스킨십, 장난감 등이 있으며, 음식은 본능적인 강화체에 속한다.

**5** ①

① 행동 풍부화 요소에는 환경적인 요소, 감각적인 요소, 사회적인 요소, 인지적인 요소, 먹이 요소 등이 있는데 터치, 신기한 놀이나 물건, 다양한 질감의 장난감, 다양한 냄새, 다양한 맛, 다양한 소리, 시각적 관점 등은 감각적인 요소에 해당한다.

**6** ③

③ 가급적 저녁 식사 이전에 교육해야 한다. 저녁 식사 이후에는 배가 부른 상태이기 때문에 반려견이 제대로 훈련에 따르지 않을 수 있기 때문이다.

**7** ①

① 강화 또는 체벌은 반려견의 행동이 일어나고 있는 동안에 반드시 실행되어야 한다. 또한 클리커 훈련 시 반려견이 원하는 행동을 수행할 때 클릭하며 클릭 후 행동을 멈췄을 때 보상해야 한다.

**8** ①

① 반려견이 약속된 행동을 따르도록 예절교육을 시행하는 것은 과잉행동 교정에 해당된다.
② 식이섬유, 비타민 부족 등 영양 결핍 시 식분증이 나타날 수 있다.
③ 환경변화, 외로움, 운동부족 등으로 인한 스트레스와 불안으로 식분증이 나타날 수 있다.
④ 배변 실수 시 혼난 경험이 있을 경우, 실수 증거를 없애기 위해 식분증이 나타날 수 있다.

**9** ③

조형의 법칙(law of shaping)
㉠ 시작 전에 준비하라
㉡ 각 단계를 반드시 성공하도록 하라
㉢ 한 번에 하나의 기준을 교육시켜라
㉣ 무언가가 바뀌면 그 기준을 편안하게 느끼도록 하라
㉤ 만약 하나의 가능성이 닫힌다면 다른 가능성을 찾아라
㉥ 교육이 지속되게 하라
㉦ 필요하다면 돌아가라
㉧ 학습자인 개들에게 계속 집중하라
㉨ 학습자인 개보다 앞서 나가라
㉩ 훈련사가 앞서 있는 동안 멈추어라

**10** ①

① 교육용 간식은 쉽고 빠르게 삼킬 수 있는 간식이어야 한다. 그렇지 않으면 다음 명령어를 전달할 때 딜레이가 발생한다. 다음 훈련을 위해 빠르게 먹을 수 있는 간식이 좋다.

**11** ②

알파 증후군 유발 행동
㉠ 기본예절이나 기본 복종 훈련을 알려주지 않는다.
㉡ 일관성이 없는 태도와 신뢰받지 못할 행동을 한다.
㉢ 불필요한 강아지의 응석이나 잘못된 요구를 받아준다.

ⓔ 과도한 애정 표현과 강아지의 행동에 예민하게 반응한다.

ⓜ 사회성이 부족한 강아지에게 목줄 대신 하네스를 사용한다.

ⓗ 서열이 확립되지 않은 상태에서 침대나 소파에서 같이 자고 논다.

ⓢ 보호자가 외출할 때 반려견에게 말을 걸거나 먹이를 던져주고 돌아올 때 과도하게 인사한다.

## 12 ④

④ 기본예절 훈련에는 이름에 반응하기, 앉아, 엎드려, 기다려, 와, 따라 걷기 등이 있다.

## 13 ②

① 반려견이 보호자 옆에 있을 때 의미다.

③④ 반려견이 보호자보다 앞으로 나가있을 때 의미다.

## 14 ②

① 실제로 존재하지 않는 벌레 쫓기, 그림자 쫓기, 꼬리 물기 등 이상 빈도나 지속적으로 반복하여 일어나는 환각적 행동이다.

③ 주인의 부재 시 짖기, 파괴적 활동, 부적절한 배설과 같은 불안징후 등이다.

④ 예측불능으로 원인을 알 수 없는 공격행동이다.

## 15 ②

② 헛짖음은 반려견이 흥분도가 높아졌을 때 내뱉는 감탄사처럼 아무 이유 없이 짖는 것을 의미한다.

ⓔ 놀이 중에 혼자 신나서 짖으며 뛰어다니거나 돌아다니는 것

## 16 ④

세계 3개 도그쇼는 다음과 같다.

| 구분 | 내용 |
| --- | --- |
| FCI 월드 도그쇼 | 1956년 독일에서 그 첫 번째 쇼가 개최되었으며, 이후 전 세계를 돌며 평균 50여 개국에서 온 1만여 마리의 세계적 명견들을 한자리에 불러 모으고 있다. |
| 크러프츠 도그쇼 | 전견종이 출진한 최초의 도그쇼였으며, 100주년을 기념하는 1991년의 크러프츠 도그쇼는 기네스북으로부터 세계에서 가장 큰 규모의 도그쇼로 인증 받았다. |
| 웨스트민스터 도그쇼 | 미국 켄넬 클럽(AKC)이 형성되기 이전에 만들어졌다. 첫 도그쇼에 무려 1,200두 이상이 출진하여 3일에서 하루가 더 연장되기도 하였다. 오늘날에는 출진 자격 및 출진 두수에 제한이 있으며 매년 2월에 이틀간 개최된다. |

## 17 ④

선제 공격형 개(offensive dog)의 특징

㉠ 털이 곤두 서 있다.

㉡ 코에 주름이 생긴다.

㉢ 꼬리는 단단하게 서 있다.

㉣ 입 꼬리가 전방으로 움직인다.

㉤ 몸의 자세와 귀가 전방을 향해 있다.

㉥ 발을 펴고 높이 서서 몸을 크게 보이려 한다.

## 18 ③

③ 산만한 개의 경우 주변 환경의 모든 것에 관심이 많고 그 관심이 오래가지 않으며, 금방 다른 것에 관심과 호기심을 보이게 되는데 이때에는 훈련시간을 길게 하는 것보다 개가 가장 좋아하는 먹이 또는 물건 등을 가지고 5분 이내의 단시간에 끝내도록 하고, 훈련을 자주 시키는 것이 좋다.

## 19 ③

③ 견종과 크기에 관계없이 모든 개가 참여할 수 있으나 참가 가능한 최소 월령은 15개월이다.

## 20 ③

① 약화 : 반려견의 문제행동을 감소 또는 소멸시키는 과정이다.
② 노출 : 특정 문제 자극에 대해 초기 단계에서 높은 상태로 노출시켜 문제 자극에 반응하지 않도록 하는 방법이다.
④ 역조건화 : 특정한 자극에 이상 반응 하는 반려견에게 그 자극을 우호적으로 수용할 수 있도록 하는 과정이다.

| 04 | 직업윤리 및 법률 | | | | | | | | |
|----|----|----|----|----|----|----|----|----|----|
| 1 | ② | 2 | ② | 3 | ③ | 4 | ④ | 5 | ② |
| 6 | ④ | 7 | ① | 8 | ④ | 9 | ① | 10 | ④ |
| 11 | ② | 12 | ② | 13 | ① | 14 | ③ | 15 | ② |
| 16 | ③ | 17 | ③ | 18 | ① | 19 | ② | 20 | ② |

## 1 ②

② 소유자 등은 동물을 관리하거나 다른 장소로 옮긴 경우에는 그 동물이 새로운 환경에 적응하는 데에 필요한 조치를 하도록 노력하여야 한다〈동물보호법 제9조(적정한 사육·관리) 제3항〉.

## 2 ②

② 반려동물행동지도사 자격시험의 시험과목, 시험방법, 합격기준 및 자격증 발급 등에 관한 사항은 대통령령으로 정한다〈동물보호법 제31조(반려동물 행동지도사 자격시험) 제6항〉.

## 3 ③

③ 소비자중심경영인증의 유효기간은 그 인증을 받은 날부터 3년으로 한다〈소비자기본법 제20조의2(소비자중심경영의 인증) 제4항〉.

## 4 ④

④ "소비자"는 사업자가 제공하는 물품 또는 용역을 소비생활을 위하여 사용하는 자 또는 생산활동을 위하여 사용하는 자로서 대통령령이 정하는 자를 말한다〈소비자기본법 제2조(정의) 제1호〉.

**5**  ②

② 의사는 농림축산식품부령으로 정하는 바에 따라 최초로 면허를 받은 후부터 3년마다 그 실태와 취업상황 등을 대한수의사회에 신고하여야 한다〈수의사법 제14조(신고)〉.

**6**  ④

④ 동물병원 개설자가 동물진료업을 휴업하거나 폐업한 경우에는 지체 없이 관할 시장·군수에게 신고하여야 한다. 다만, <u>30일 이내의 휴업</u>인 경우에는 그러하지 아니하다〈수의사법 제18조(휴업·폐업의 신고)〉.

**7**  ①

① 특수 직무 상황에서는 개인적 덕목 차원의 일반적인 상식 및 기준으로는 규제할 수 없는 경우가 많다.

**8**  ④

④ 높은 급여, 일자리 안전성 등의 물질적인 보상은 외재적 가치에 해당하며 개인이 부여하는 중요성이 내재적 가치에 해당한다.

**9**  ①

위해의 방지〈소비자기본법 제8조 제1항〉 … 국가는 사업자가 소비자에게 제공하는 물품 등으로 인한 소비자의 생명·신체 또는 재산에 대한 위해를 방지하기 위하여 다음 각 호의 사항에 관하여 사업자가 지켜야 할 기준을 정하여야 한다.
1. 물품 등의 성분·함량·구조 등 안전에 관한 중요한 사항
2. 물품 등을 사용할 때의 지시사항이나 경고 등 표시할 내용과 방법
3. 그 밖에 위해방지를 위하여 필요하다고 인정되는 사항

**10**  ④

업무〈소비자기본법 제35조 제1항〉 … 한국소비자원의 업무는 다음 각 호와 같다.
1. 소비자의 권익과 관련된 제도와 정책의 연구 및 건의
2. 소비자의 권익증진을 위하여 필요한 경우 물품 등의 규격·품질·안전성·환경성에 관한 시험·검사 및 가격 등을 포함한 거래조건이나 거래방법에 대한 조사·분석
3. 소비자의 권익증진·안전 및 소비생활의 향상을 위한 정보의 수집·제공 및 국제협력
4. 소비자의 권익증진·안전 및 능력개발과 관련된 교육·홍보 및 방송사업
5. 소비자의 불만처리 및 피해구제
6. 소비자의 권익증진 및 소비생활의 합리화를 위한 종합적인 조사·연구
7. 국가 또는 지방자치단체가 소비자의 권익증진과 관련하여 의뢰한 조사 등의 업무
8. 「독점규제 및 공정거래에 관한 법률」 제90조 제7항에 따라 공정거래위원회로부터 위탁받은 동의의결의 이행관리
9. 그 밖에 소비자의 권익증진 및 안전에 관한 업무

**11**  ②

② 수의사 국가시험은 매년 농림축산식품부 장관이 시행한다〈수의사법 제8조(수의사 국가시험) 제1항〉.

**12**  ②

② 동물진료법인이 재산을 처분하거나 정관을 변경하려면 시·도지사의 허가를 받아야 한다〈수의사법 제22조의2(동물진료법인의 설립 허가 등) 제3항〉.

**13** ①

동물보호의 기본원칙〈동물보호법 제3조〉 … 누구든지 동물을 사육·관리 또는 보호할 때에는 다음 각 호의 원칙을 준수하여야 한다.
1. 동물이 본래의 습성과 몸의 원형을 유지하면서 정상적으로 살 수 있도록 할 것
2. 동물이 갈증 및 굶주림을 겪거나 영양이 결핍되지 아니하도록 할 것
3. 동물이 정상적인 행동을 표현할 수 있고 불편함을 겪지 아니하도록 할 것
4. 동물이 고통·상해 및 질병으로부터 자유롭도록 할 것
5. 동물이 공포와 스트레스를 받지 아니하도록 할 것

**14** ③

③ 국가가 정한 개인정보의 보호 기준을 위반하여서는 아니 된다〈소비자기본법 제20조(소비자의 권익증진 관련 기준의 준수) 제5항〉.

**15** ②

② 동물병원 개설자는 동물 진단용 특수의료장비를 농림축산식품부령으로 정하는 설치 인정기준에 맞게 설치·운영하여야 한다〈수의사법 제17조의4(동물 진단용 특수의료장비의 설치·운영) 제2항〉.

**16** ③

③ 동물실험을 한 자는 그 실험이 끝난 후 지체 없이 해당 동물을 검사하여야 하며, 검사 결과 정상적으로 회복한 동물은 기증하거나 분양할 수 있다〈동물보호법 제47조(동물실험의 원칙) 제5항〉.

**17** ③

정관〈소비자안전센터의 설치 제34조〉 … 한국소비자원의 정관에는 다음 각 호의 사항을 기재하여야 한다.
1. 목적
2. 명칭
3. 주된 사무소 및 지부에 관한 사항
4. 임원 및 직원에 관한 사항
5. 이사회의 운영에 관한 사항
6. 제51조(소비자분쟁조정위원회의 설치)의 규정에 따른 소비자안전센터에 관한 사항
7. 제60조(소비자분쟁조정위원회의 설치)의 규정에 따른 소비자분쟁조정위원회에 관한 사항
8. 업무에 관한 사항
9. 재산 및 회계에 관한 사항
10. 공고에 관한 사항
11. 정관의 변경에 관한 사항
12. 내부규정의 제정 및 개정·폐지에 관한 사항

**18** ①

인증농장에 대한 지원 등 … 농림축산식품부장관은 인증농장에 대하여 다음 각 호의 지원을 할 수 있다〈동물보호법 제64조 제1항〉.
1. 동물의 보호·복지 증진을 위하여 축사시설 개선에 필요한 비용
2. 인증농장의 환경개선 및 경영에 관한 지도·상담 및 교육
3. 인증농장에서 생산한 축산물의 판로개척을 위한 상담·자문 및 판촉
4. 인증농장에서 생산한 축산물의 해외시장의 진출·확대를 위한 정보제공, 홍보활동 및 투자유치
5. 그 밖에 인증농장의 경영안정을 위하여 필요한 사항

## 19 ②

조정위원회의 구성〈소비자기본법 제61조 제2항〉 ··· 위원은 다음 각 호의 어느 하나에 해당하는 자 중에서 대통령령이 정하는 바에 따라 원장의 제청에 의하여 공정거래위원회위원장이 임명 또는 위촉한다.

1. 대학이나 공인된 연구기관에서 부교수 이상 또는 이에 상당하는 직에 있거나 있었던 자로서 소비자권익 관련분야를 전공한 자
2. 4급 이상의 공무원 또는 이에 상당하는 공공기관의 직에 있거나 있었던 자로서 소비자권익과 관련된 업무에 실무경험이 있는 자
3. 판사·검사 또는 변호사의 자격이 있는 자
4. 소비자단체의 임원의 직에 있거나 있었던 자
5. 사업자 또는 사업자단체의 임원의 직에 있거나 있었던 자
6. 그 밖에 소비자권익과 관련된 업무에 관한 학식과 경험이 풍부한 자

## 20 ②

② 명예동물보호관의 자격, 위촉, 해촉, 직무, 활동 범위와 수당의 지급 등에 관한 사항은 대통령령으로 정한다〈동물보호법 제90조(명예 동물보호관) 제3항〉.

| 05 | 보호자 교육 및 상담 | | | | | | | | |
|---|---|---|---|---|---|---|---|---|---|
| 1 | ① | 2 | ③ | 3 | ④ | 4 | ② | 5 | ④ |
| 6 | ④ | 7 | ④ | 8 | ③ | 9 | ③ | 10 | ① |
| 11 | ④ | 12 | ④ | 13 | ③ | 14 | ② | 15 | ④ |
| 16 | ③ | 17 | ③ | 18 | ④ | 19 | ① | 20 | ② |

## 1 ①

① 사료를 줄 때는 서열이 높은 개에게 우선권을 주거나 사료 먹는 장소를 분리해주는 것이 좋다.

## 2 ③

③ 강아지에게는 일관된 사료를 제공해야 한다. 자칫 사료가 자주 바뀌면 설사를 할 수 있기 때문이다.

## 3 ④

④ 커뮤니케이션은 청자와 화자 상호 간의 쌍방향으로 진행되는 활동이다.

## 4 ②

① 정보전달기능 : 개인과 집단 또는 조직 등에 정보를 전달해 주는 기능으로써 의사결정의 촉매제 역할을 하며, 여러 대안을 파악하고 평가하는 데 있어 필요한 정보를 제공해 줌으로써 의사결정을 원활히 이루어지게 하는 것을 의미한다.
③ 동기유발기능 : 구성원들이 해야 할 일, 직무성과를 개선하며 이를 달성하기 위해서 어떻게 해야 하는지, 다른 구성원들과 어떠한 방식으로 협동해야 하는지 등을 구체적으로 알려주는 매체 역할을 하는 것을 의미한다.
④ 통제기능 : 구성원들의 행동을 조정 통제하는 기능을 하는데, 이는 구성원들의 행동이 어떤 특정한 방향으로 움직이도록 통제하는 것을 의미한다.

## 5  ④

커뮤니케이션에 대한 상황장애요인

㉠ 정보의 과중 : 수신자에게 그가 수용할 수 있는 이상의 과중한 메시지가 전달되게 되면 의사소통의 유용성은 감소된다.

㉡ 어의상의 문제 : 같은 단어가 서로 다른 사람들에게 아주 다른 의미를 가질 때 나타나며, 특히 송신자가 상당히 추상적인 인용어나 고도의 전문용어를 사용할 경우에 수신자가 그 말뜻을 이해하지 못하면 효과적인 커뮤니케이션을 기대하기 어렵다.

㉢ 시간의 압박 : 시간의 부족으로 인해 대화가 피상적인 것이 되어버리는 경우 이러한 의사소통의 피상성은 커뮤니케이션의 정확성을 저해한다.

㉣ 비언어적 메시지 : 대면의사소통에서는 언어적 메시지 및 비언어적 메시지 등을 함께 사용하는데, 이러한 언어적 메시지 및 비언어적 메시지의 불일치는 커뮤니케이션의 유효성을 감소시킨다.

㉤ 커뮤니케이션 분위기의 문제 : 평소에 개방성 및 신뢰성 등이 낮은 조직에서는 커뮤니케이션의 의도가 부정적으로 왜곡되기 쉽다.

## 6  ④

④ I-Message가 아닌 You-Message에 대한 내용이다. 상대에게 일방적으로 강요, 공격, 비난하는 느낌을 전달하게 되면 상대는 변명하려 하거나 또는 반감, 저항, 공격성 등을 보이게 된다.

※ I-Message … 상대의 행동을 비난하거나 또는 지적하는 것이 아닌 내 자신에게 초점을 맞추어서 나의 감정 및 느낌 등을 솔직하게 풀어내는 대화기술을 의미한다. 예 '당신이 ~한 행동을 할 때마다(상대의 행동을 표현), 나는 ~를 느껴요' (나의 감정을 표현)

## 7  ④

AREA 법칙

| 구분 | 내용 | 사례 |
|---|---|---|
| 주장 (assertion) | 우선적으로 주장의 핵심을 말한다. | "~는 ~ 이다." "~는 ~ 한다." |
| 이유 (reasoning) | 주장의 근거를 설명한다. | "왜냐하면 ~ 이다." "~ 이기 때문이다." |
| 증거 (evidence) | 주장의 근거에 대한 증거 또는 실례 등을 제시한다. | "예를 들어 ~ 이다." |
| 주장 (assertion) | 다시금 주장을 되풀이한다. | "따라서 ~ 이다." |

## 8  ③

③ 고객의 마음은 쉽게 변하므로 자사에 대한 한번 마음이 떠난 고객의 경우에는 다시금 자사로 돌아오기가 상당히 어렵다.

※ 고객의 특징

㉠ 고객은 월급을 주는 사람이다.

㉡ 고객은 첫인상 등에 상당히 민감하다.

㉢ 고객은 쉽게 변한다.

㉣ 관리되어진 고객들만이 구매를 한다.

㉤ 고객들은 신속하면서도 명확한 서비스를 좋아하며 기대한다.

㉥ 고객의 경우에는 요구사항들이 많으며 권리에 대한 주장이 상당히 강하다.

㉦ 마음이 떠난 고객의 경우에는 다시금 자사로 돌아오기가 상당히 어렵다.

㉧ 자사의 제품을 많이 구매한 고객일수록 그들이 바라는 요구사항들이 많다.

㉨ 고객은 회사가 고객 자신만을 알아주기를 바라고 있다.

㉩ 고객은 항상 옆에 있다.

㉪ 고객은 왕이며, 언제나 정당하다.

㉫ 고객은 자신이 지불한 것에 대응하는 서비스를 받고 싶어 한다.

ⓜ 고객은 자신들의 불평을 들어줄 때에는 단골이 된다.
ⓗ 고객은 지니고 있는 불만을 말하지 않을 때 더 무섭다.
ⓐ 고객은 천태만상, 각양각색이다.
ⓑ 고객들은 매사에 즉흥적이다.
ⓒ 직원 100명 중에서 단 1명이라도 실수를 하더라도 고객의 입장에서는 100%의 실수인 것이다.

## 9  ③

③ '왜(why)' 질문은 의문사를 남용하여 보호자로 하여금 비난받는다는 느낌이 들게 하는 질문이다.

## 10  ①

반려견 보호자와 라포 형성 방법

| 구분 | 내용 |
| --- | --- |
| 언어적 의사소통 기술 | • 보호자의 감정적 호소에 호응한다.<br>• 보호자의 발언 중 핵심을 언급한다.<br>• 보호자의 발언에 호의적인 태도를 보인다. |
| 비언어적 의사소통 기술 | • 보호자와 눈을 맞추며 대화한다.<br>• 보호자의 자세를 관찰하여 적절히 대응한다.<br>• 보호자의 표정을 관찰하여 적절히 대응한다. |

## 11  ④

고객들의 불평불만에 대한 처리 과정을 공개함으로써 문제해결에 대한 진행성 및 투명성을 제공해야 한다.

※ 고객에 대한 컴플레인 응대의 원칙
　㉠ 접근의 용이 : 불평불만 접수처의 물리적인 접근의 용이
　㉡ 책임의 공유 : 모든 종업원들 고객 불평불만 처리에 대한 정보 및 책임의 공유
　㉢ 사과 : 고객에 대한 진심어린 사과가 최우선
　㉣ 해결 : 고객의 활용이 편리하게끔 하는 컴플레인 해결
　㉤ 비밀의 존중 : 고객의 비밀을 존중
　㉥ 정보의 활용 : 고객의 불평불만에 대한 정보의 활용
　㉦ 과정의 공개 : 빠른 처리 및 처리 과정의 공개

## 12  ④

컴플레인 해결 5가지 기본원칙
㉠ 언어절제의 원칙 : 사람들에게 따지고 상처를 주고 반박을 한다면 때때로 승리할 수도 있지만 이는 공허한 승리에 불과하다.
㉡ 감정통제의 원칙 : 고객과의 통화 시에는 감정을 통제할 수 있어야 한다.
㉢ 역지사지의 원칙 : 누구도 그 사람의 입장이 되어보지 않고서는 그의 마음을 알 수 없으므로 고객의 입장에서 문제를 해결할 수 있도록 노력해야 한다.
㉣ 피뢰침의 원칙 : 고객은 개인적인 감정이 있어 화를 내는 것이 아닌 기업의 복잡한 규정 및 제도 등에 항의하는 것이므로, 불만고객들과의 상담 시 감정에 치우치지 말고 본인의 역할을 성실히 수행해야만 원만한 상담이 가능하다.
㉤ 책임 공감의 원칙 : 고객의 불만이 나를 향한 것이 아니라고 해서 책임이 없는 것은 아니며 조직의 구성원으로서 고객들의 불만족에 대한 책임을 져야 한다. 고객에게는 담당자가 중요한 것이 아닌 나의 문제를 해결해 줄 것인지 아닌지가 중요하다.

**13** ③

③ 나타난 대안 중에서 선택을 해야 하는 문제점이 존재하는 것은 폐쇄형 질문이다. 즉, 개방형 질문은 폭 넓은 답을 얻을 수 있고, 폐쇄형 질문은 주어진 질문에서 답을 해야 한다.

**14** ②

② 전달화법은 상대를 원망 또는 탓하기 보단 내 자신의 감정을 전달하는 것이다.

**15** ④

④ 효과적인 화법의 요소에는 직접성, 명료성, 성실성 등이 있다.

**16** ③

반려견 보호자로부터 대면 폭언 대처법
㉠ 정중하고 단호한 어조로 중지 요청
㉡ 녹음 및 녹화 안내
㉢ 폭력 및 협박 관련 법규 위반 안내
㉣ 보안요원 호출
㉤ 응대 종료

**17** ③

③ VIP 반려견 보호자에 대한 설명이다. 일반 반려견 보호자는 활용의 빈도가 낮으며 서비스를 다른 곳으로 바꿀 수 있는 가능성을 지니고 있는 반려견 보호자이다.

**18** ④

④ 메라비언의 법칙은 앨버트 메라비언(albert mehrabian)이 1970년 저서 「silent messages」에서 발표한 것으로 커뮤니케이션 이론에서 중요시되는 이론이다. 시각이미지는 자세·용모와 복장·제스처 등 외적으로 보이는 부분을 말하며, 청각은 목소리의 톤이나 음색(音色)처럼 언어의 품질을 말하고, 언어는 말의 내용을 의미한다. 이때, 메라비언의 법칙은 한 사람이 상대방으로부터 받는 이미지는 시각이 55%, 청각이 38%, 언어가 7%에 이른다는 법칙을 의미한다. 그만큼 말의 내용적인 요소보다는 눈에 보이는 상대방의 용모, 복장, 시선, 태도 등이 더 중요시된다는 것을 알 수 있다.

**19** ①

① 라포(rapport)는 신뢰와 친근함으로 이루어지는 관계로 서로가 통하는 상태를 의미한다. 초기 라포 형성의 여부가 상담 성공률에 큰 영향을 미친다.

**20** ②

② 선택적 청취란 수신자는 자기 자신의 욕구를 충족시키거나 또는 자신들의 신념과 일치하는 메시지는 받아들이고 자신에게 위협을 가하거나 또는 기존의 신념 및 갈등 등을 일으키게 되는 메시지는 부정하거나 왜곡하고 이에 대해 귀를 기울이지 않으며 해당 정보를 거부하려는 경향이 있다.

# 반려동물
# 행동지도사 2급
## -제3회 모의고사-

| 성 명 | | 생년월일 | |
|---|---|---|---|
| 문 항 수 | 100문항 | 점 수 | _____ / 100점 |

---

### 〈 유의사항 〉

- 문제지 및 답안지의 해당란에 문제유형, 성명, 응시번호를 정확히 기재하세요.

- 모든 기재 및 표기사항은 "컴퓨터용 흑색 수성 사인펜"만 사용합니다.

- 예비 마킹은 중복 답안으로 판독될 수 있습니다.

## 01 반려동물 행동학(20문항)

**1.** 〈보기〉의 내용과 가장 관련이 깊은 것은?

> ─── 보기 ───
>
> 동일한 종이라 할지라도 각 개체마다 처한 환경의 특성에 의해 각기 다른 행동을 보일 수 있다.

① 감각
② 유전
③ 학습
④ 적응도

**2.** 반려견의 마킹(marking) 행동이 의미하는 것은?

① 세력권, 경고, 무리 보호 등을 목적으로 행동한다.
② 가족 또는 동료 간 연대를 강화하는 행동이다.
③ 두려움을 느낄 때 나타나는 행동이다.
④ 가장 기본적이고 중요한 개체유지행동이다.

**3.** 반려견의 시각이 발달하여 물체의 형태를 구분할 수 있는 시기는?

① 생후 2주
② 생후 4주
③ 6주
④ 8주

**4.** 단일종 가운데 자연환경에 가장 잘 적응한 개체만이 살아남아 생존 경쟁을 벌이며, 자연이 생존에 적합한 생물을 스스로 선택한다는 이론은?

① 자연도태
② 진화
③ 생애
④ 사회적행동

**5.** 반려견의 행동발달 단계에서 사회화 시기에 대한 내용으로 옳지 않은 것은?

① 반려견들의 성격이 형성되는 시기이다.
② 이 시기의 반려견은 어미견, 인간과의 관계를 학습하게 되는 시기라 할 수 있다.
③ 애착 대상이 생물적 요인에 한정된다.
④ 치아가 나오고 배설행동 또는 섭식행동이 성년형을 보인다.

**6.** 반려견의 행동발달 단계 중 대상에 따른 공포심을 가질 수 있는 일종의 '퇴행 현상'이 나타날 수 있는 시기는?

① 청소년기
② 노년기
③ 성년기
④ 신생아기

**7.** 〈보기〉가 설명하는 견종은?

> ───── 보기 ─────
>
> • 아주 오래전 중앙아메리카에서 발견된 견종이다.
> • 아즈텍 문명에서는 개가 사후 세계를 안내해준다고 믿어서 가족이 죽게 되면 함께 묻는 관습이 존재하였다.

① 치와와
② 골든 리트리버
③ 시츄
④ 포메라니안

**8.** 개들의 후각을 통한 커뮤니케이션(의사소통) 특성으로 옳지 않은 것은?

① 번식단계에 대한 정보를 파악할 수 있다.
② 오랜만에 만난 개들은 항문 주위 냄새를 오랫동안 맡는다.
③ 세력권자가 마지막으로 언제 지나갔는지 알 수 있다.
④ 개 후각은 인간과 비슷하다.

**9.** 반려견이 하품할 때 보이는 시그널로 옳지 않은 것은?

① 피곤
② 불안
③ 흥분
④ 진정

**10.** 16세기부터 예민한 후각으로 새를 찾아 사냥을 도와주던 플러싱 도그(flushing dog)로 비글, 슈나우저와 함께 3대 악마견으로 불리는 품종은?

① 닥스훈트
② 사모예드
③ 파피용
④ 코커 스패니얼

**11.** 반려견의 갈등 행동 중 만족하지 못한 욕구를 다른 대상에 나타내는 행동은?

① 전위행동
② 전가행동
③ 진공행동
④ 양가행동

**12.** 카밍 시그널(calming signal)에서 '고개 돌리기'의 의미는?

① 상대를 진정시키거나 불편한 상황이라는 것을 알리는 시그널
② 상대방에게 '놀자'의 의미를 전달하고자 하는 시그널
③ 다른 개가 흥분한 상태로 빨리 접근하거나 정면으로 접근할 때 표현하는 시그널
④ 자신보다 큰 개가 자신의 몸을 냄새 맡을 때 표현하는 시그널

**13.** 반려견의 의사표현과 그 의미를 잘못 연결한 것은?

① 보호자가 나간 후 짖는다. – 경고/공격성

② 우~ 우~ 소리를 내며 운다. – 외로움

③ 다리를 들고 마킹한다. – 영역 표시

④ 입을 크게 벌린다. – 무료함

**14.** 개의 다섯 가지 감각 중 가장 먼저 발달하는 감각은?

① 청각

② 후각

③ 시각

④ 미각

**15.** 반려견에게 가벼운 스트레스를 주면서 성장하면서 겪게 되는 고통과 공포를 훈련하는 시기는?

① 이행기

② 신생아기

③ 사회화기

④ 청소년기

**16.** 토이 견종이 아닌 것은?

① 닥스훈트

② 시츄

③ 푸들

④ 말티즈

**17.** 〈보기〉는 동물행동학 네 가지 관점 중 무엇에 해당하는가?

┌─────── 보기 ───────┐

수캐의 다리들기 배뇨는 세력권 주장의 의미로 해석할 수 있는데 이처럼 행동의 의미를 연구한다.

└─────────────────┘

① 진화

② 발달

③ 궁극요인

④ 지근요인

**18.** 반려견의 이상행동에 속하는 문제행동을 모두 고르면?

| ㉠ 섭식행동 | ㉡ 몸치장행동 |
|---|---|
| ㉢ 상동행동 | ㉣ 변칙행동 |
| ㉤ 호신행동 | |

① ㉠, ㉡

② ㉢, ㉣

③ ㉠, ㉢, ㉣

④ ㉡, ㉣, ㉤

**19.** 비글의 특징으로 옳지 않은 것은?

① 꼬리의 끝부분은 흰색이고, 그 형태는 위로 곧게 뻗어 있는 형태를 취한다.

② 시각은 예민한 반면, 후각은 다른 품종에 비해 둔감하다.

③ 하운드 견종 중 덩치가 가장 작다.

④ 귀의 폭이 넓으며, 처진 형태를 띠고 있다.

**20.** 암캐의 발정주기를 순서대로 나열한 것은?

① 무발정기 → 발정전기 → 발정기 → 발정휴지기

② 무발정기 → 발정휴지기 → 발정전기 → 발정기

③ 발정전기 → 발정휴지기 → 발정기 → 무발정기

④ 발정전기 → 발정기 → 발정휴지기 → 무발정기

---

**02** 반려동물 관리학(20문항)

**1.** 신체상 부위의 특징에 관한 내용으로 옳지 않은 것은?

① 눈동자는 대부분이 원형의 형태를 띠고 있다.

② 어깨 높이는 대부분 80 ~ 90cm이다.

③ 꼬리는 통상적으로 몸통 길이의 반 이상이다.

④ 털의 컬러나 무늬는 품종에 따라 다양하다.

**2.** 동물분류학상 개의 분류로 옳은 것을 모두 고르면?

| | |
|---|---|
| ㉠ 척추동물문 | ㉡ 포유동물강 |
| ㉢ 식육목 | ㉣ 두삭동물문 |
| ㉤ 미삭동물문 | |

① ㉠, ㉡

② ㉣, ㉤

③ ㉠, ㉡, ㉢

④ ㉢, ㉣, ㉤

**3.** 윗눈꺼풀과 아랫눈꺼풀 외에 내측에 존재하는 주름진 얇은 막으로, 일부 척추동물에게서 볼 수 있는 것은?

① 시신경

② 모양체

③ 눈물샘

④ 제3안검

**4.** 뇌에서부터 나온 각종 정보를 반려견 신체 각각의 부위에 전달하는 줄기 역할을 하는 곳은?

① 근육
② 척수
③ 뇌
④ 관절

**5.** 개의 내장근에 대한 설명으로 옳은 것은?

① 운동신경 지배를 받아 움직이는 수의근이다.
② 심장을 구성하고 있는 근육이다.
③ 가로무늬가 없는 민무늬근이다.
④ 골격근과 생리작용이 동일하다.

**6.** 개의 치아 특징으로 적절하지 않은 것은?

① 송곳니는 원뿔형으로 길면서 끝이 뾰족하다.
② 앞니의 치아 뿌리는 모두 3개이다.
③ 큰 어금니는 작은 어금니의 뒷부분을 차지하는 어금니이다.
④ 작은 어금니는 교합면이 넓은 앞쪽 부분을 차지하고 있는 어금니이다.

**7.** 개의 소화기관의 하나인 소장에 대한 설명으로 옳지 않은 것은?

① 십이지장은 유문으로부터 시작되는 소장의 첫 부분이다.
② 십이지장의 길이는 100cm 전후이다.
③ 회장은 소장의 끝부분에 해당한다.
④ 공장은 소장 중 가장 긴 부분에 해당한다.

**8.** 개의 신장에 관한 내용으로 옳지 않은 것은?

① 통상적으로 오른쪽 신장이 왼쪽 신장에 비해 약간 앞부분에 위치한다.
② 신장은 복강으로부터 요추골을 사이에 두고 왼쪽, 오른쪽 1개씩 있다.
③ 신장은 대사 과정에서 만들어진 노폐물, 독성물질 등을 배출한다.
④ 신장 1개의 중량은 대략 80 ~ 90g이다.

**9.** 반려견의 체중이 갑작스럽게 감소했을 때 의심할 수 있는 질병이 아닌 것은?

① 장염
② 악성종양
③ 기생충
④ 부신피질 기능항진증

**10.** 개의 혀에 대한 내용으로 거리가 먼 것은?

① 개의 침은 강한 알칼리성으로 살균력이 있다.
② 가시같은 돌기로 털을 그루밍한다.
③ 개는 혀를 통해 꼬리, 귀 등과 함께 감정을 표현하기도 한다.
④ 개의 경우에는 혀를 내밀면서 호흡하는 과정을 통해서 침을 증발시키고 체온을 조절한다.

**11.** 암캐의 생식기관에 대한 설명으로 적절하지 않은 것은?

① 자궁체는 1개이고, 자궁각에서 임신된다.
② 성숙난포에서 배출된 난자의 이동 통로를 난관이라고 한다.
③ 난소 크기는 길이가 2cm 정도이다.
④ 질 내 분비액은 난관의 이완을 활발하게 한다.

**12.** 테오브로민 성분으로 심장질환을 일으킬 수 있는 먹이는?

① 초콜릿

② 포도

③ 양파

④ 계란 흰자

**13.** 반려견 예방접종 시 주의사항으로 옳지 않은 것은?

① 예방접종 당일과 그 이튿날에는 운동이나 산책 등은 하지 않는 것이 좋다.

② 예방접종 후 발생할 수 있는 특이사항에 대비해 해당 병원의 진료 시간에 방문해 접종하는 것이 좋다.

③ 예방접종 후 당일에 목욕으로 반려견의 피로와 긴장을 풀어주는 것이 좋다.

④ 치료 및 접종을 같이 진행할 시, 부작용이 발생할 경우 원인의 파악이 어렵기 때문에 피하는 것이 좋다.

**14.** 반려견의 장염에 대한 설명 중 적절하지 않은 것은?

① 절식하면서 상태가 호전되도록 한다.

② 장의 꼬임, 장 협착 등으로 인해 장이 막힌 것을 말한다.

③ 주로 탈수 증상 소견을 보인다.

④ 스트레스, 세균 감염 등 그 발생원인은 다양하다.

**15.** 개 종합백신(DHPPL)으로 예방 가능한 질병이 아닌 것은?

① 켄넬코프

② 전염성 간염

③ 디스템퍼

④ 렙토스피라증

**16.** 통상적인 개의 정상적인 체온은?

① 33.1 ~ 34.3℃

② 37.2 ~ 39.2℃

③ 38.6 ~ 41.2℃

④ 40.3 ~ 43.6℃

**17.** 소형견의 정상적인 맥박은?

① 100 ~ 180회/분

② 90 ~ 160회/분

③ 80 ~ 120회/분

④ 70 ~ 90회/분

**18.** 통상적인 개의 정상 호흡수는?

① 46 ~ 62회/분

② 36 ~ 57회/분

③ 26 ~ 41회/분

④ 16 ~ 32회/분

**19.** 반려견의 체형 중 하나인 드워프 타입에 대한 설명으로 옳지 않은 것은?

① 몸길이가 몸높이보다 긴 체형이다.

② 다리를 길어보이게 하려면 언더라인의 털을 짧게 커트해야 한다.

③ 백 라인을 짧게 커트해야 키를 작아보이게 할 수 있다.

④ 다리에 비해 몸이 길다.

**20.** 부드럽고 짧은 털로, 루버 브러시로 죽은 털을 제거하고 피부를 자극하여 윤기 있게 관리해야 하는 모질은?

① 스무드 코트

② 실키 코트

③ 컬리 코트

④ 와이어 코트

**03**     반려동물 훈련학(20문항)

**1.** 반려견과 공놀이를 할 때 주의사항이 아닌 것은?

① 반려견이 물고 온 공을 긍정적인 보상을 하며 회수한다.
② 공놀이 후 사용한 장난감은 바로 정리한다.
③ 긴 시간 놀아주면서 체력 증진 및 예절 교육을 수행한다.
④ 놀이는 항상 즐거운 상태로 마무리되어야 한다.

**2.** 훈련하기 적절한 시기는?

① 생후 2개월
② 생후 3개월
③ 12개월 미만
④ 15개월 미만

**3.** 개들이 이해할 수 있는 방법으로 먹이 또는 좋아하는 장난감, 특정한 일의 표시를 통해 긍정 강화를 활용하는 훈련 방법은?

① 클리커
② 컨디셔닝
③ 스킨십
④ 크레이트

**4.** 반려견 훈련의 기술에서 물리적 압박 없이 행동 표시와 강화물을 활용해 새롭거나 개선된 행동으로 발전시키는 과정을 무엇이라고 하는가?

① 캡처링
② 루어링
③ 쉐이핑
④ 타게팅

**5.** 특정 공간을 알리며 정해진 목표지점 설정을 위해 사용되는 반려견 훈련 보조도구는?

① 방석
② 트레이트
③ 이동용 개집
④ 육각 케이지

**6.** 반려견이 처음으로 목줄 매는 습관을 길들일 때 쓰이며, 산책 시 보호자보다 앞서나가려고 할 때 착용하는 목줄은?

① 초크 체인
② 핀치 칼라
③ 광폭 목줄
④ 헤드 목줄

**7.** 반려견을 교육에 필요한 훈련 용어와 그 뜻의 연결이 옳지 않은 것은?

① 지래 – 불러들이기
② 수화 – 손짓 동작
③ 입지 – 서서 기다리기
④ 각측 보행 – 옆에서 따라다니기

**8.** 훈련 도구 중 하나인 더미에 관한 내용으로 옳지 않은 것은?

① 실 더미는 실을 길게 꼬아서 만든 더미를 말한다.

② 회수용 더미는 가죽으로 만든 더미를 말한다.

③ 순면 더미는 어린 강아지들의 놀이를 위해 만든 더미를 말한다.

④ 털 더미는 동물의 털을 활용해서 만든 더미를 말한다.

**9.** '옆에' 교육방법에 대한 설명으로 적절하지 않은 것은?

① 한 손으로는 리드 줄을 잡고 반대 손으로는 공 또는 간식 등을 들고 강아지들의 눈높이에서 관심을 끈다.

② 간식을 따라 강아지가 움직이면 반려견을 옆쪽으로 유인하며, 이때 사람도 같이 움직이면서 강아지가 먹이를 따라 움직여 옆에 위치시킨다.

③ 강아지가 옆에 위치했을 때, 손바닥으로 허벅지를 쳐주면서 '옆에'라는 지시어를 하고 공 또는 간식을 주면서 칭찬 및 보상을 해 준다.

④ 강아지가 '옆에'에 익숙해지면, 자연스럽게 1보 정도 움직이면서 옆에 붙도록 유도한다.

**10.** 반려견의 문제행동 중 '공포 · 불안'에 해당하는 것은?

① 파괴행동

② 분리불안

③ 과잉포효

④ 공포성 공격행동

**11.** 반려견 멀미 예방 방법으로 적절하지 않은 내용은?

① 차량 엔진 및 시끄러운 외부 소리는 스트레스의 원인이 될 수 있기 때문에 최대한 외부의 소음을 줄여 주어야 한다.

② 반려견이 멀미를 심하게 하는 경우 차량 탑승하기 전에 수의사와의 상담을 통해 반려견 전용 멀미약을 처방하는 것도 도움이 된다.

③ 멀미 예방을 위해 차량에 탑승할 때는 충분한 식사를 마친 후에 바로 타는 것이 좋다.

④ 후각이 예민한 반려견은 냄새에 민감하게 반응하므로 차량 내 환기를 통해 후각적인 자극을 최대한 줄여주는 것이 좋다.

**12.** 반려견 배뇨 및 배변 행동 교정으로 옳은 것은?

① 반려견이 자는 곳과 가까운 곳에 화장실을 설치한다.

② 패드 사용 시 반려견이 혼란스럽지 않도록 최대한 작게 만들어 준다.

③ 패드 사용 시 놀이장소와 구분할 수 있도록 간식을 이용한 보상은 하지 않는다.

④ 반려견이 패드 위를 밟으면 칭찬과 보상을 한다.

**13.** 공격성을 보이는 반려견을 안정시킬 때 할 수 있는 명령어는?

① 와

② 기다려

③ 앉아

④ 엎드려

**14.** 반려견이 새롭고 신기한 자극을 받으면 놀라거나 불안해하는데 이 자극이 고통이나 상해를 주는 것이 아니라고 인식하게 되면 자극의 반복을 통해 점차 익숙해질 수 있다. 이러한 과정을 무엇이라고 하는가?

① 순화
② 인식개선
③ 홍수법
④ 탈감작

**15.** 도그쇼에서 최고의 개에게 부여하는 최고상으로 옳은 것은?

① BOS
② BOB
③ BIG
④ BIS

**16.** 핸들러에 대한 설명으로 옳지 않은 것은?

① 언더 리드(under lead) - 리드의 버클 부분을 목의 아래로 늘어뜨리는 것을 말한다.
② 프리 스텐딩(free standing) - 오른쪽의 전후 다리를 동시에 앞으로 나갔을 때 좌측의 전후 다리가 동시에 차고 나가는 걸음을 말한다.
③ 터닝(turning) - 코너에서 몇 개의 턴 방법을 가려 사용해 방향 전환을 하는 것을 말한다.
④ 스터핑(stuffing) - 최상의 컨디션을 위해 작게 덩어리로 만든 먹이를 손으로 개 입에 넣어 먹이는 것을 말한다.

**17.** 생후 8년 이상의 개가 출전할 수 있는 도그쇼 클래스는?

① 퍼피 클래스
② 인터미디어트 클래스
③ 베테랑 클래스
④ 챔피언 클래스

**18.** 반려견 문제 행동 교정에 들어가기 전에 문제 행동과 문제 행동을 파악하기 위한 관찰 사항의 연결이 적절하지 않은 것은?

① 짖음 - 산책 중 냄새를 심하게 맡는지 확인한다.
② 공격성 - 아픔에 의한 공격인지 확인한다.
③ 과잉행동 - 누구에게 어떤 행동을 보이는지 확인한다.
④ 불안장애 - 폭행의 기억이 있는지 확인한다.

**19.** 반려견 학습 중 긍정적 처벌에 해당되는 요소가 아닌 것은?

① 질책
② 즉시
③ 적절하게
④ 일관되게

**20.** 물리적 자극에 대한 내용으로 적절하지 않은 것은?

① 물리적 방법을 활용하기 시작하면 그 의존도는 점점 커지게 된다.
② 물리적 자극은 반려견으로 하여금 훈련사에 대한 혐오감을 지니게 할 수 있다.
③ 물리적 자극은 반려견의 행동을 일시적으로 억제시킨다.
④ 물리적 자극의 활용은 반려견 교육에 매우 긍정적인 영향을 미친다.

**04**      직업윤리 및 법률(20문항)

**1.** 「동물보호법」상 윤리위원회 위원의 임기는 몇 년인가?

① 1년
② 2년
③ 3년
④ 4년

**2.** ( ) 안에 들어갈 말로 가장 적절한 것은?

> 영업자의 지위를 승계한 자는 그 지위를 승계한 날부터
> ( ) 이내에 농림축산식품부령으로 정하는 바에 따라
> 특별자치시장 · 특별자치도지사 · 시장 · 군수 · 구청장에
> 게 신고하여야 한다.

① 10일
② 20일
③ 30일
④ 50일

**3.** 「소비자기본법」상 한국소비자원의 설립에 관한 내용으로 옳지 않은 것은?

① 한국소비자원은 개인으로 한다.
② 한국소비자원은 그 주된 사무소의 소재지에서 설립등기를 함으로써 성립한다.
③ 소비자권익 증진시책의 효과적인 추진을 위하여 한국소비자원을 설립한다.
④ 한국소비자원은 공정거래위원회의 승인을 얻어 필요한 곳에 그 지부를 설치할 수 있다.

**4.** 「소비자기본법」상 한국소비자원의 임원 및 임기에 관한 설명으로 옳지 않은 것은?

① 부원장, 소장 및 상임이사는 원장이 임명한다.
② 비상임이사는 임원추천위원회가 복수로 추천한 사람 중에서 공정거래위원회 위원장이 임명한다.
③ 원장 · 부원장 · 소장 및 대통령령이 정하는 이사는 비상임으로 하고 그 밖의 임원은 상임으로 한다.
④ 원장의 임기는 3년으로 하고 부원장, 소장, 이사 및 감사의 임기는 2년으로 한다.

**5.** 「수의사법」상 농림축산식품부 장관 또는 시 · 도지사는 동물진료법인의 설립 허가를 취소할 수 있는데, 그 내용으로 옳지 않은 것은?

① 농림축산식품부 장관 또는 시 · 도지사가 감독을 위하여 내린 명령을 위반한 때
② 정관으로 정하지 아니한 사업을 한때
③ 설립된 날부터 3년 내에 동물병원을 개설하지 아니한 때
④ 동물진료법인이 개설한 동물병원을 폐업하고 2년 내에 동물병원을 개설하지 아니한 때

**6.** 다음은 한국소비자원의 피해구제에 관한 설명이다. ( ) 안에 들어갈 말을 순서대로 바르게 나열한 것은?

> 원장은 피해구제의 신청을 받은 날부터 ( ㉠ ) 이내
> 에 합의가 이루어지지 아니하는 때에는 지체 없이
> 소비자 분쟁조정위원회에 분쟁조정을 신청하여야 한
> 다. 다만, 피해의 원인규명 등에 상당한 시일이 요
> 구되는 피해구제신청사건으로서 대통령령이 정하는
> 사건에 대하여는 ( ㉡ ) 이내의 범위에서 처리 기간
> 을 연장할 수 있다.

① ㉠ 30일 ㉡ 60일
② ㉠ 60일 ㉡ 30일
③ ㉠ 30일 ㉡ 50일
④ ㉠ 50일 ㉡ 30일

7. 「수의사법」상 동물진료법인의 부대사업에 관한 설명으로 거리가 먼 것은?

① 부대사업을 하려는 동물진료법인은 보건복지부령으로 정하는 바에 따라 미리 동물병원의 소재지를 관할하는 시·도지사에게 신고하여야 한다. 신고사항을 변경하려는 경우에도 또한 같다.

② 시·도지사는 신고를 받은 경우 그 내용을 검토하여 이 법에 적합하면 신고를 수리하여야 한다.

③ 부설주차장의 설치·운영 등의 부대사업을 하려는 동물진료법인은 타인에게 임대 또는 위탁하여 운영할 수 있다.

④ 동물진료법인은 그 법인이 개설하는 동물병원에서 동물진료업무 외에 부대사업을 할 수 있는데, 이때 부대사업으로 얻은 수익에 관한 회계는 동물진료법인의 다른 회계와 구분하여 처리하여야 한다.

8. 다음은 「동물보호법」의 목적이다. (    ) 안에 들어갈 말로 옳은 것은?

> 이 법은 동물의 생명보호, 안전 보장 및 (    )을 꾀하고 건전하고 책임 있는 사육문화를 조성함으로써, 생명 존중의 국민 정서를 기르고 사람과 동물의 조화로운 공존에 이바지함을 목적으로 한다.

① 기본 원칙
② 복지 증진
③ 국민의 책무
④ 질병 예방

9. 「동물보호법」상 동물의 운송에 대한 설명으로 옳지 않은 것은?

① 동물을 싣고 내리는 과정에서 동물 또는 동물이 들어있는 운송용 우리를 던지거나 떨어뜨려서 동물을 다치게 하는 행위를 하지 않아야 한다.

② 병든 동물, 어린 동물 또는 임신 중이거나 포유 중인 새끼가 딸린 동물은 운송을 금지한다.

③ 동물을 운송하는 차량은 동물이 운송 중에 상해를 입지 아니 하고, 급격한 체온 변화, 호흡곤란 등으로 인한 고통을 최소화할 수 있는 구조로 되어 있어야 한다.

④ 운송 중인 동물에게 적합한 사료와 물을 공급하고, 급격한 출발·제동 등으로 충격과 상해를 입지 않도록 해야 한다.

10. 「소비자기본법」상 소비자 정책위원회에 관한 설명 중 옳지 않은 것은?

① 정책위원회는 통보받은 이행계획을 검토하여 그 결과를 공표할 수 있다.

② 중앙행정기관의 장 및 지방자치 단체의 장은 권고를 받은 날부터 1개월 내에 필요한 조치의 이행계획을 수립하여 정책위원회에 통보하여야 한다.

③ 정책위원회는 업무를 효율적으로 수행하기 위하여 정책위원회에 실무위원회와 분야별 전문위원회를 둘 수 있다.

④ 정책위원회는 소비자의 기본적인 권리를 제한하거나 제한할 우려가 있다고 평가한 법령·고시·예규·조례 등에 대하여 중앙행정기관의 장 및 지방자치 단체의 장에게 법령의 개선 등 필요한 조치를 권고할 수 있다.

11. 「수의사법」상 수의사회를 설립하려는 경우 그 대표자는 대통령령으로 정하는 바에 따라 정관과 그 밖에 필요한 서류를 누구에게 제출하여야 하는가?

① 농림축산식품부 장관
② 국무총리
③ 보건복지부 장관
④ 시 · 도지사

12. 「동물보호법」상 윤리위원회가 수행하는 기능으로 옳지 않은 것은?

① 동물실험에 대한 심의
② 동물복지축산농장의 인증
③ 동물실험이 원칙에 맞게 시행되도록 지도
④ 동물실험시행기관의 장에게 실험동물의 보호와 윤리적인 취급을 위하여 필요한 조치 요구

13. 「소비자기본법」상 한국소비자원 임원의 직무에 관한 사항으로 적절하지 않은 내용은?

① 원장은 한국소비자원을 대표하고 한국소비자원의 업무를 총괄한다.
② 소장은 부원장의 지휘를 받아 규정에 따라 설치되는 소비자안전센터의 업무를 총괄하며, 이사는 정관이 정하는 바에 따라 한국소비자원의 업무를 총괄한다.
③ 감사는 한국소비자원의 업무 및 회계를 감사한다.
④ 원장 · 부원장이 모두 부득이한 사유로 직무를 수행할 수 없는 때에는 상임이사 · 비상임이사의 순으로 정관이 정하는 순서에 따라 그 직무를 대행한다.

14. 「동물보호법」상 동물보호관에 대한 설명으로 옳지 않은 것은?

① 농림축산식품부 장관, 시 · 도지사 및 시장 · 군수 · 구청장은 동물의 학대 방지 등 동물보호에 관한 사무를 처리하기 위하여 소속 공무원 중에서 동물보호관을 지정하여야 한다.
② 누구든지 동물의 특성에 따른 출산, 질병 치료 등 부득이한 사유가 있는 경우를 제외하고는 동물보호관의 직무 수행을 거부 · 방해 또는 기피하여서는 아니 된다.
③ 동물보호관이 직무를 수행할 때에는 농림축산식품부령으로 정하는 증표를 지니고 이를 관계인에게 보여주어야 한다.
④ 동물보호관의 자격, 임명, 직무 범위 등에 관한 사항은 농림축산식품부령으로 정한다.

15. 「동물보호법」상 맹견의 관리에 대한 설명으로 옳지 않은 것은?

① 소유자 등이 없이 맹견을 기르는 곳에서 벗어나지 아니하게 한다.
② 월령이 3개월 이상인 맹견을 동반하고 외출할 때에는 맹견의 탈출을 방지할 수 있는 적정한 이동장치를 해야 한다.
③ 맹견사육허가를 받은 사람은 맹견의 안전한 사육 · 관리 또는 보호에 관하여 농림축산식품부령으로 정하는 바에 따라 정기적으로 교육을 받아야 한다.
④ 시 · 도지사와 시장 · 군수 · 구청장은 소유자 등의 동의 없이 맹견에 대하여 격리조치 등 필요한 조치를 취할 수 없다.

**16.** 「동물보호법」상 소유자 등에게 학대받은 동물을 보호랄 때 격리 조치할 수 있는 기간은?

① 5일 이상

② 7일 이상

③ 30일 이상

④ 60일 이상

**17.** 「수의사법」상 수의사가 발급하는 처방전에 기재되어야 하는 사항이 아닌 것은?

① 처방전 발급 연월일

② 동물 소유자 등의 전화번호

③ 처방 대상 동물의 예방접종 날짜

④ 처방전을 작성하는 수의사의 성명

**18.** ( ) 안에 들어갈 말로 가장 적절한 것은?

> 국가는 소비자와 사업자 사이에 발생하는 분쟁을 원활하게 해결하기 위하여 ( )이 정하는 바에 따라 소비자 분쟁해결기준을 제정할 수 있다.

① 대통령령

② 국무총리령

③ 농림축산식품부령

④ 행정안전부령

**19.** 「소비자기본법」상 소비자단체의 명칭, 주된 사무소의 소재지, 대표자 성명, 주된 사업 내용이 변경되었을 경우 며칠 이내에 통보하여야 하는가?

① 7일 이내

② 10일 이내

③ 20일 이내

④ 30일 이내

**20.** 「소비자기본법」상 소비자 단체에 대한 내용으로 옳지 않은 것은?

① 소비자 단체는 업무상 알게 된 정보를 소비자의 권익을 증진하기 위한 목적이 아닌 용도에 사용하여서는 안 된다.

② 소비자 단체는 규정에 따른 조사·분석 등의 결과를 공표할 수 있다.

③ 규정에 따라 자료 및 정보의 제공을 요청하였음에도 사업자 또는 사업자단체가 정당한 사유 없이 이를 거부·방해·기피하거나 거짓으로 제출한 경우에는 그 사업자 또는 사업자단체의 이름, 거부 등의 사실과 사유를 「신문 등의 진흥에 관한 법률」에 따른 일반 일간신문에 게재할 수 있다.

④ 소비자 단체는 사업자 또는 사업자 단체로부터 제공받은 자료 및 정보를 소비자의 권익을 증진하기 위한 목적이 아닌 용도로 사용함으로써 사업자 또는 사업자 단체에 손해를 끼쳤더라도 그 손해에 대하여 배상할 책임을 지지 않는다.

## 05 보호자 교육 및 상담(20문항)

**1.** 다음 중 사회화 과정에 관한 내용으로 옳지 않은 것은?

① 사회화가 부족할 경우 많은 문제행동을 유발한다.

② 강아지뿐만이 아니라 사람 및 다른 동물들과의 관계를 바르게 형성해 나가는 과정이다.

③ 사회화는 공공의 장소에서 나타날 수 있는 갈등을 완전히 제거하는 방법이다.

④ 강아지가 세상에 태어나서 사회 행동 패턴을 몸으로 익혀가는 과정이다.

**2.** 제한급식을 자율급식으로 교체하는 내용 중 옳지 않은 것은?

① 강아지들이 설사하지 않거나 하는 등의 범위에서 4 ~ 5회 정도는 이전의 사료 양보다 더 적게 준다.

② 제한급식을 할 때의 양보다 조금씩 양을 더 줌으로써 강아지가 사료에 대한 욕심을 줄이게 하는 것이 우선이다.

③ 제한급식을 하게 하던 강아지에게 급작스레 자율급식으로 변화시키면 강아지들이 과식으로 인한 설사, 배탈 등의 문제가 발생할 수 있다.

④ 강아지들이 사료를 다 먹으면 다시금 밥그릇에 사료를 채워 준다.

**3.** 효과적인 커뮤니케이션 방법으로 적절하지 않은 것은?

① 사전에 예상되는 장애 등에 대한 준비를 한다.

② 적극적인 경청을 통해 고객들의 니즈를 파악한다.

③ 신뢰할 수 있는 어려운 주제를 화제로 삼는다.

④ 상대방의 입장에서 이해하고 적극적인 태도 및 그에 따른 피드백을 해야 한다.

**4.** 커뮤니케이션에 대한 송신자의 장애요인으로 적절하지 않은 것은?

① 대인감수성의 부족

② 선택적 청취

③ 준거 틀의 차이

④ 커뮤니케이션 기술의 부족

**5.** 단호한 표현보다는 감정이 상하지 않도록 미안한 마음을 먼저 전하는 화법으로 옳은 것은?

① 긍정화법

② 보상화법

③ 칭찬화법

④ 쿠션화법

**6.** 효과적인 경청방법으로 가장 거리가 먼 것은?

① 말하는 사람에게 동화되도록 노력하라.

② 온 몸으로 하는 맞장구는 삼가라.

③ 전달자의 메시지에 관심을 집중시켜라.

④ 인내심을 지녀라.

**7.** 다음 예시의 대화전달법에 대한 내용과 관련성이 가장 적은 것은?

> • 신문 그만 좀 보시고 내 말 좀 들어요.
> • 게임 좀 그만 할 수 없어? 당장 컴퓨터 꺼.
> • 담배 좀 피우지 마. 당신 때문에 온 집안이 담배 냄새야.
> • 전화 받을 줄 몰라 왜 전화를 안 받아.
> • 당신만 들어갔다 오면 화장실이 더러워.

① 현재형의 사람, 배려심이 깊은 사람, 긍정적인 사람들이 이러한 전달법을 주로 쓴다.
② 듣는 이로 하여금 공격 받는다는 느낌을 갖게 하여 더욱 방어적이 되게 만든다.
③ 듣는 이로 하여금 귀를 막아버리거나, 자기변호에 급급하거나, 반박을 주로 하거나, 그 자리를 피해버리게 만드는 결과를 초래한다.
④ 위와 같은 전달법은 문제가 생기면 끊임없이 남의 탓을 한다.

**8.** 고객 요구의 변화로 보기 가장 어려운 것은?

① 고객 의식의 개인화
② 고객 의식의 획일화
③ 고객 의식의 대등화
④ 고객 의식의 고급화

**9.** 차별적 대안으로 인해 비교분석을 가능하게 할 수 있게 해서 고객으로 하여금 직접적으로 구매가치를 결정할 수 있게 하는 고객행동 유발의 특성으로 옳은 것은?

① 대조 및 나열행동 효과
② 선도 효과
③ 세뇌행동 효과
④ 유인행동 효과

**10.** 다음의 사례는 FABE 화법을 활용한 대화내용이다. 이를 읽고 밑줄 친 부분에 대한 내용으로 가장 옳은 것을 고르면?

> 〈개인 보험가입에 있어서의 재무 설계 시 이점〉
> 상담원 : 저희 보험사의 재무 설계는 고객님의 자산 흐름을 상당히 효과적으로 만들어 줍니다.
> 상담원 : 그로 인해 고객님께서는 언제든지 원하는 때에 원하는 일을 이룰 수 있습니다.
> 상담원 : <u>그중에서도 가장 소득이 적고 많은 비용이 들어가는 은퇴시기에 고객님은 편안하게 여행을 즐기시고 또한 언제든지 친구들을 만나서 부담 없이 만나 행복한 시간을 보낼 수 있습니다.</u>
> 상담원 : 저희 보험사에서 재무 설계는 우선 예산을 조정해 드리고 있으며, 선택과 집중을 통해 고객님의 생애에 있어 가장 중요한 부분들을 먼저 준비할 수 있도록 도와드리기 때문입니다.

① 제시하는 상품의 특징을 언급하는 부분이라 할 수 있다.
② 이득이 발생할 수 있음을 예시하는 것이라 할 수 있다.
③ 해당 이익이 고객에게 반영될 때 발생 가능한 상황을 공감시키는 과정이라고 할 수 있다.
④ 이익이 발생하는 근거를 설명하는 부분이다.

**11.** 고객 컴플레인 응대 단계로 옳은 것은?

① 경청 → 약속 → 모색 → 사과 → 처리 → 공감 → 재사과 → 개선
② 공감 → 약속 → 사과 → 처리 → 모색 → 경청 → 재사과 → 개선
③ 사과 → 공감 → 경청 → 약속 → 모색 → 처리 → 재사과 → 개선
④ 경청 → 공감 → 사과 → 모색 → 약속 → 처리 → 재사과 → 개선

**12.** 서비스 실패에 관한 내용으로 보기 어려운 것은?

① 제공받은 서비스에 대해서 심각하게 떨어지는 서비스 결과를 경험하는 것
② 인지하고 있는 허용범위 이하로 떨어지는 서비스 성과
③ 책임소재와는 관련 없이 서비스의 과정이나 또는 결과에 있어서 무언가 잘못된 것
④ 책임이 불분명한 과실

**13.** 고객의 입장에서 담당자가 자신의 문제를 해결해 줄 것인지 아닌지가 중요하다는 컴플레인 해결 원칙은?

① 감정통제의 원칙
② 피뢰침의 원칙
③ 언어절제의 원칙
④ 책임 공감의 원칙

**14.** 글에 따른 의사소통의 내용으로 적절하지 않은 것은?

① 공식적 기록을 할 수 있다.
② 피드백을 얻기가 힘들다.
③ 분명한 하나의 해석이 존재한다.
④ 명확하면서도 권위가 있어 보인다.

**15.** 반려견 보호자의 요구사항을 파악하기 위한 의사소통의 능력으로 가장 옳지 않은 것은?

① 반려견 보호자의 기분을 파악하는 능력
② 반려견 보호자와의 상담을 진행하는 능력
③ 반려견의 문제행동 요인 및 유형 등에 관한 파악 능력
④ 반려견의 문제행동 교정에 대한 과정과 그에 따른 방법을 파악하는 능력

**16.** 피터 살라 보이와 존 메이어가 처음 제시하고, 골먼이 1996년에 대중화시킨 용어로, 자신이나 타인의 감정을 인지하는 개인의 능력을 의미하는 것은?

① 구조지능
② 상담지능
③ 감성지능
④ 개인지능

**17.** 칼 알브레히트(karl albrecht)의 '고객서비스의 7가지 죄악'으로 옳지 않은 것은?

① 로봇화
② 융통성
③ 무시
④ 냉담

18. 반려동물의 문제행동 교정과정을 순서대로 나열한 것은?

① 문제행동의 선별 → 약화계획의 설계 → 초기 목표의 수립 → 교정계획의 실행 → 문제행동 유지 조건의 확인 → 교정의 완료 및 추후의 평가

② 문제행동의 선별 → 초기 목표의 수립 → 약화계획의 설계 → 문제행동 유지 조건의 확인 → 교정계획의 실행 → 교정의 완료 및 추후의 평가

③ 초기 목표의 수립 → 문제행동의 선별 → 약화계획의 설계 → 문제행동 유지 조건의 확인 → 교정계획의 실행 → 교정의 완료 및 추후의 평가

④ 초기 목표의 수립 → 약화계획의 설계 → 초기 목표의 수립 → 교정계획의 실행 → 문제행동 유지 조건의 확인 → 교정의 완료 및 추후의 평가

19. '네' 또는 '아니오' 등으로 응답하게 하는 질문 형태는?

① 개방형 질문
② 조건형 질문
③ 폐쇄형 질문
④ 사실형 질문

20. 반려견 보호자 매뉴얼 MPT 회복 기법의 요소가 아닌 것은?

① 공감
② 사람
③ 장소
④ 시간

# 반려동물 행동지도사

## 봉투모의고사

성 명

(자 필 성 명)

생 년 월 일

| 0 | 0 | 0 | 0 | 0 | 0 | 0 | 0 |
| 1 | 1 | 1 | 1 | 1 | 1 | 1 | 1 |
| 2 | 2 | 2 | 2 | 2 | 2 | 2 | 2 |
| 3 | 3 | 3 | 3 | 3 | 3 | 3 | 3 |
| 4 | 4 | 4 | 4 | 4 | 4 | 4 | 4 |
| 5 | 5 | 5 | 5 | 5 | 5 | 5 | 5 |
| 6 | 6 | 6 | 6 | 6 | 6 | 6 | 6 |
| 7 | 7 | 7 | 7 | 7 | 7 | 7 | 7 |
| 8 | 8 | 8 | 8 | 8 | 8 | 8 | 8 |
| 9 | 9 | 9 | 9 | 9 | 9 | 9 | 9 |

| 01 반려동물 행동학 | | 02 반려동물 관리학 | | 03 반려동물 훈련학 | | 04 직업윤리 및 법률 | | 05 보호자 교육 및 상담 | |
|---|---|---|---|---|---|---|---|---|---|
| 1 | ① ② ③ ④ | 21 | ① ② ③ ④ | 41 | ① ② ③ ④ | 61 | ① ② ③ ④ | 81 | ① ② ③ ④ |
| 2 | ① ② ③ ④ | 22 | ① ② ③ ④ | 42 | ① ② ③ ④ | 62 | ① ② ③ ④ | 82 | ① ② ③ ④ |
| 3 | ① ② ③ ④ | 23 | ① ② ③ ④ | 43 | ① ② ③ ④ | 63 | ① ② ③ ④ | 83 | ① ② ③ ④ |
| 4 | ① ② ③ ④ | 24 | ① ② ③ ④ | 44 | ① ② ③ ④ | 64 | ① ② ③ ④ | 84 | ① ② ③ ④ |
| 5 | ① ② ③ ④ | 25 | ① ② ③ ④ | 45 | ① ② ③ ④ | 65 | ① ② ③ ④ | 85 | ① ② ③ ④ |
| 6 | ① ② ③ ④ | 26 | ① ② ③ ④ | 46 | ① ② ③ ④ | 66 | ① ② ③ ④ | 86 | ① ② ③ ④ |
| 7 | ① ② ③ ④ | 27 | ① ② ③ ④ | 47 | ① ② ③ ④ | 67 | ① ② ③ ④ | 87 | ① ② ③ ④ |
| 8 | ① ② ③ ④ | 28 | ① ② ③ ④ | 48 | ① ② ③ ④ | 68 | ① ② ③ ④ | 88 | ① ② ③ ④ |
| 9 | ① ② ③ ④ | 29 | ① ② ③ ④ | 49 | ① ② ③ ④ | 69 | ① ② ③ ④ | 89 | ① ② ③ ④ |
| 10 | ① ② ③ ④ | 30 | ① ② ③ ④ | 50 | ① ② ③ ④ | 70 | ① ② ③ ④ | 90 | ① ② ③ ④ |
| 11 | ① ② ③ ④ | 31 | ① ② ③ ④ | 51 | ① ② ③ ④ | 71 | ① ② ③ ④ | 91 | ① ② ③ ④ |
| 12 | ① ② ③ ④ | 32 | ① ② ③ ④ | 52 | ① ② ③ ④ | 72 | ① ② ③ ④ | 92 | ① ② ③ ④ |
| 13 | ① ② ③ ④ | 33 | ① ② ③ ④ | 53 | ① ② ③ ④ | 73 | ① ② ③ ④ | 93 | ① ② ③ ④ |
| 14 | ① ② ③ ④ | 34 | ① ② ③ ④ | 54 | ① ② ③ ④ | 74 | ① ② ③ ④ | 94 | ① ② ③ ④ |
| 15 | ① ② ③ ④ | 35 | ① ② ③ ④ | 55 | ① ② ③ ④ | 75 | ① ② ③ ④ | 95 | ① ② ③ ④ |
| 16 | ① ② ③ ④ | 36 | ① ② ③ ④ | 56 | ① ② ③ ④ | 76 | ① ② ③ ④ | 96 | ① ② ③ ④ |
| 17 | ① ② ③ ④ | 37 | ① ② ③ ④ | 57 | ① ② ③ ④ | 77 | ① ② ③ ④ | 97 | ① ② ③ ④ |
| 18 | ① ② ③ ④ | 38 | ① ② ③ ④ | 58 | ① ② ③ ④ | 78 | ① ② ③ ④ | 98 | ① ② ③ ④ |
| 19 | ① ② ③ ④ | 39 | ① ② ③ ④ | 59 | ① ② ③ ④ | 79 | ① ② ③ ④ | 99 | ① ② ③ ④ |
| 20 | ① ② ③ ④ | 40 | ① ② ③ ④ | 60 | ① ② ③ ④ | 80 | ① ② ③ ④ | 100 | ① ② ③ ④ |

# 반려동물
# 행동지도사 2급

## [제3회 정답 및 해설]

## 제3회 정답 및 해설

| 01 | 반려동물 행동학 | | | | | | | | |
|----|----|----|----|----|----|----|----|----|----|
| 1 | ③ | 2 | ① | 3 | ② | 4 | ① | 5 | ③ |
| 6 | ① | 7 | ① | 8 | ④ | 9 | ④ | 10 | ④ |
| 11 | ② | 12 | ③ | 13 | ① | 14 | ② | 15 | ① |
| 16 | ① | 17 | ③ | 18 | ② | 19 | ② | 20 | ④ |

**1  ③**

③ '학습'은 동물들이 동일한 종이라 할지라도 각 개체마다 처한 환경의 특성에 의해 각기 다른 행동을 보일 수 있다. 이러한 동물들의 학습은 일종의 시행착오, 관찰, 모방 등을 통해 여러 가지 형태로 구분된다.

**2  ①**

① 마킹(marking) 행동은 다른 개체와 소통하는 행동으로 세력권, 경고, 무리보호 등을 목적으로 하며, 산책 시 여러 장소에서 배뇨하는 행위는 자신의 영역을 냄새를 묻히는 표식 행동이다.

**3  ②**

② 생후 2 ~ 3주에 눈을 뜨지만 물체를 구분할 수 있는 시기는 생후 4주이다.

**4  ①**

① 단일종의 개체들 간에는 변이가 무수히 있는데, 이 다양한 개체들 가운데서 오직 일부만이 살아남아 번식하여 생존경쟁이 이루어지고 단일종 가운데 가장 잘 적응한 개체들만이 살아남아 그들의 형질을 다음 세대에 전달하게 된다. 그리고 수없이 많은 세대를 거쳐 자연은 자연환경에 가장 잘 적응하는 것들을 '선택'하게 되는데, 이를 자연도태(natural selection)라고 한다.

**5  ③**

⑤ 사회화 시기의 반려견 애착 대상은 생물적 요인, 비생물적 요인 모두에 미친다.

**6  ①**

① 청소년기에는 대상에 따른 공포심을 가질 수 있는 일종의 '퇴행 현상'이 나타날 수 있다. 반려견의 행동 발달이 완성되어지는 시기이다.

**7  ①**

① 치와와(chihuahua)는 아주 오래전 중앙아메리카에서 발견된 견종으로 아즈텍 문명에서는 개가 사후 세계를 안내해 준다고 믿어서 가족이 죽으면 치와와를 함께 묻는 관습이 있었다. 아즈텍 문명이 멸망한 후에 떠돌이 신세로 전락되어 오랫동안 방치되었다가 멕시코의 치와와 주에서 미국으로 건너가면서 '치와와'라는 이름을 얻게 되었고, 반려견으로 소형화되었다.

**8  ④**

④ 개의 후각은 인간의 40배 이상으로, 상당히 민감해 인간에 비해 그 검출감도는 100만 배 이상이다.

**9  ④**

④ 반려견이 하품할 때 보이는 시그널은 피곤, 불안, 복종, 흥분, 공감 등이다.

**10** ④

④ 코커 스패니얼(cocker spaniel)은 16세기부터 예민한 후각으로 새를 사냥을 도와주던 플러싱 도그(flushing dog)였다. 사냥견이었던 잉글리시 코커 스패니얼은 미국으로 건너가면서 아메리칸 코커 스패니얼이 되었으며 본래의 사냥에 활용되기보다는 반려견으로 자리를 잡게 되었다. 또한, 비글, 슈나우저와 함께 '3대 악마견'으로도 불린다.

**11** ②

① 전위행동 : 불안하고 불만족한 상태에서 하품, 입술 핥기 등 카밍 시그널을 보인다.
③ 진공행동 : 원하는 본능적인 행동을 수행할 수 없을 때 어떠한 필요나 자극 없이 표출하는 특정 행동이다.
④ 양가행동 : 상반된 욕구나 정서상태에서 표현되는 행동이다.

**12** ③

③ 고개 돌리기(head turning)는 아주 살짝 돌릴 수도 있고 돌리고 잠시 가만히 있을 수도 있는데, 반려견 자신에게 다가오는 것에 대한 진정의 의미 또는 다른 개가 흥분한 상태로 빨리 접근하거나 정면으로 접근할 때 나타나는 동작이다. 또는 사람이 구부린 상태에서 접근하거나 빤히 쳐다볼 때 나타나는 카밍 시그널이기도 하다.

**13** ①

① 보호자가 나간 후 짖는 것은 분리불안/두려움을 의미한다.

**14** ②

② 개의 다섯 가지 감각은 '후각 → 청각 → 시각 → 촉각 → 미각' 순으로 발달한다.

**15** ①

① 눈을 뜨고 귀가 열리는 이행기에 가벼운 스트레스를 주면서 스트레스를 긍정적으로 받아들이게 한다.

**16** ①

① 토이에 속하는 견종으로는 시츄, 푸들, 말티즈, 미니어쳐 핀셔 등이 있다. 닥스훈트는 하운드에 속한다.

**17** ③

동물행동학의 네 가지 관점
㉠ 지근요인 : 행동의 메커니즘 연구
㉡ 궁극요인 : 행동의 생물학적 의의(의미) 연구
㉢ 발달 : 행동의 개체발달 연구
㉣ 진화 : 행동의 계통연구

**18** ②

② 반려견의 이상행동에 속하는 문제행동은 상동행동, 변칙행동, 이상반응이 있으며 정상행동에 속하는 것은 섭식행동, 배설행동, 운동행동, 몸치장행동, 호신행동, 휴식행동, 탐색행동, 놀이행동 등이 있다.

## 19 ②

② 비글(beagle)의 후각은 상당히 민감한 편이다.

## 20 ④

④ 암캐는 통상적으로 10 ~ 12개월에 첫 번째 발정이 시작되는데, 발정주기는 '발정전기 → 발정기 → 발정휴지기 → 무발정기' 4단계다.

| 02 | | 반려동물 관리학 | | | | | | | |
|----|----|----|----|----|----|----|----|----|----|
| 1 | ③ | 2 | ③ | 3 | ④ | 4 | ② | 5 | ③ |
| 6 | ② | 7 | ② | 8 | ④ | 9 | ④ | 10 | ② |
| 11 | ④ | 12 | ① | 13 | ③ | 14 | ② | 15 | ① |
| 16 | ② | 17 | ② | 18 | ④ | 19 | ③ | 20 | ① |

## 1 ③

③ 꼬리는 비교적 짧은 편으로, 통상적으로 몸통 길이의 반 이하이다.

## 2 ③

③ 동물분류학상 생물은 '계−문−강−목−과−속−종'으로 분류되는데, 개는 '동물계−척추동물문−포유동물강−식육목−개과−개속−개종'으로 분류할 수 있다.

## 3 ④

① 망막에서 감지된 시각 정보를 대뇌로 전달한다.
② 수축과 이완을 통해 수정체의 두께를 조절한다.
③ 누선이라고도 하며 상안검 바깥쪽에 위치한다.

## 4 ②

② 척수는 척추뼈의 척추구멍의 척주(척추)관을 따라 연결된 중추신경계로 뇌에서부터 나온 각종 정보를 반려견 신체 각각의 부위에 전달하는 줄기 역할을 수행한다.

## 5 ③

① 시신경 : 골격근에 대한 설명이다.
② 모양체 : 심근에 대한 설명이다.
④ 눈물샘 : 골격근과 다른 생리작용이 나타나며 자율신경의 지배를 받는 불수의근이다.

**6 ②**

② 앞니의 치아 뿌리는 1개이다.

**7 ②**

② 십이지장의 길이는 약 50cm 전후이다.

**8 ④**

④ 개의 신장 1개의 중량은 대략 50 ~ 60g 정도이다.

**9 ④**

④ 반려견의 체중이 갑작스럽게 감소했을 때 장염, 기생충, 갑
상샘 기능항진증, 혈액 관련 질병, 구강 내ㆍ인두 내 질병,
악성종양(암), 면역력 저하, 당뇨병(인슐린 부족) 등을 의심
할 수 있다.

**10 ②**

② 혀 점막에 많은 유두가 돌출되어 사료를 씹을 때 기계적
작용 및 맛을 느끼게 한다. 가시같은 돌기는 고양이 혀의
특징이다.

**11 ④**

④ 질 내 분비액은 질, 자궁, 난관의 수축을 활발하게 한다.

**12 ①**

② 콩팥 손상을 유발하여 사망에 이르게 한다.
③ 심한 경우 빈혈로 사망할 수 있다.
④ 설사를 유발한다.

**13 ③**

③ 예방접종 당일에 하는 목욕은 스트레스를 주기 때문에 하
지 않는 것이 좋다.

**14 ②**

② 반려견의 장염은 대장 또는 소장의 점막에 염증이 발생하
는 질병을 말한다.

**15 ①**

① 개 종합백신(DHPPL)은 전염성이 강한 다섯 가지 질병(디
스템퍼, 전염성 간염, 파보 바이러스, 파라인플루엔자성 기
관지염, 렙토스피라증)을 예방한다.

**16 ②**

② 통상적인 개의 정상적인 체온은 37.2 ~ 39.2℃이다.

**17 ②**

② 소형견의 정상적인 맥박 수는 90 ~ 160회/분이다.

**18 ④**

④ 통상적인 개의 정상 호흡수는 평균 16 ~ 32회/분이다.

**19 ③**

④ 몸높이가 몸길이보다 긴 하이온 타입에 대한 설명이다.

**20 ①**

② 실키 코트 : 길고 부드러운 모질이다.
③ 컬리 코트 : 곱슬곱슬한 모질이다.
④ 와이어 코트 : 거칠고 두꺼운 모질이다.

| 03 | 반려동물 훈련학 | | | | | | | | |
|---|---|---|---|---|---|---|---|---|---|
| 1 | ③ | 2 | ③ | 3 | ① | 4 | ③ | 5 | ① |
| 6 | ③ | 7 | ① | 8 | ② | 9 | ② | 10 | ② |
| 11 | ③ | 12 | ④ | 13 | ② | 14 | ① | 15 | ④ |
| 16 | ② | 17 | ③ | 18 | ① | 19 | ① | 20 | ④ |

## 1 ③

③ 긴 시간 놀아주면 의욕을 잃어버릴 수 있으므로 짧은 시간, 여러 번 반복하는 것이 좋다.

## 2 ③

③ 호기심이 많아지고 학습능력이 뛰어난 생후 6개월 ~ 12개월 미만이 가장 적절하다.

## 3 ①

① 클리커 교육은 개들이 이해할 수 있는 방법으로, 먹이 또는 좋아하는 장난감, 특정한 일의 표시를 통해 긍정 강화를 활용한다. 개들의 바람직한 행동을 순간적으로 포착해 이를 표시하고 보상해주는 것이 주요 원리이다.

## 4 ③

③ 쉐이핑(shaping)은 루어링 또는 물리적 압박 없이 행동 표시와 강화물을 활용해 새롭거나 또는 개선된 행동으로 발전시키는 과정을 말한다. 쉐이핑은 작은 여러가지 행동들로 나누어 이를 캡쳐하고, 새롭고 더욱 복잡한 행동으로 발전시키는 것이다.

## 5 ①

② 트레이트 : 개집으로, 반려견이 편안하게 쉴 수 있는 공간이다.
③ 이동용 개집 : 장거리 여행이나 새로운 환경에 적응시킬 때 사용한다.
④ 육각 케이지 : 반려견만의 공간을 인식할 수 있게 하며, 운동장 역할을 한다.

## 6 ③

① 초크 체인 : 쇠사슬 목줄을 목에 걸고 행동을 통제한다. 복종 훈련용으로 사용된다.
② 펀치 칼라 : 사용 시 반려견에게 부상을 가할 수 있기 때문에 숙련된 훈련사가 사용한다.
④ 헤드 목줄 : 목에 줄을 채우는 동시에 입과 머리를 감싸준다.

## 7 ①

① 지래는 '물품 가져오기'를 의미하며 초호는 '불러들이기'를 의미한다.

## 8 ②

② 회수용 더미는 더미 내 간식을 넣을 수 있는 주머니가 장착된 더미를 말한다.

## 9 ②

② 간식을 따라 반려견이 움직이면 반려견을 옆쪽으로 유인하며, 이때 사람은 움직이지 말고 강아지만 먹이를 따라 움직여 옆에 위치시킨다.

## 10 ②

② '공포 및 불안' 등에 연관된 문제행동에는 분리불안, 공포증, 불안기질 등이 있다.

**11** ③

③ 차량에 탑승할 시에는 가벼운 공복으로 타는 것이 좋다. 또한, 최소 차량 출발 3시간 전부터는 음식 섭취를 하지 말고 충분한 산책 후에 차량에 탑승해야 한다.

**12** ④

① 반려견이 자는 곳과 떨어진 곳에 화장실을 설치한다.
② 패드 사용 시 실패 확률과 스트레스를 줄이기 위해 최대한 크게 만들어 준다.
③ 패드 사용 시 패드를 편하게 생각할 수 있도록 간식을 이용하여 보상한다.

**13** ②

② 명령어 '기다려'는 반려견을 문 앞에서 기다리게 하고 싶을 때, 공격성을 보이는 반려견을 안정시킬 때, 하우스에서 기다리게 할 때, 다른 반려견에게 인사하고 휴식을 취하게 할 때 등 사용된다.

**14** ①

① 순화는 반려견이 새롭거나 신기한 자극을 받으면 놀라거나 불안해지는데 이 자극이 고통이나 상해를 주는 것이 아닌 것을 느끼고 인식하게 되면 자극의 반복을 통해 점차 익숙해져 가는 과정을 의미한다. 예를 들어 타인에 대한 순화, 타견에 대한 순화, 여러 소리에 대한 순화, 움직이는 물체에 대한 순화, 차를 타는 것에 대한 순화 등이 있다.

**15** ④

④ BIS : best in show로, 해당 쇼에서 최고의 개에게 부여하는 최고상이다.
① BOS : BOB 수상견의 베스트 주니어, 위너스, 베스트 베테랑(다른 성별)이 경합을 벌여 선발한다.
② BOB : 해당 쇼에서 각 그룹 내 견종별로 경합을 벌여 견종별 최고의 개에게 부여한다.
③ BIG : 해당 쇼에서 각 그룹에서 최고의 개에게 부여하는 상이다.

**16** ②

② 프리 스텐딩(free standing)은 핸들러가 개에게 손을 대지 않고 리드로 컨트롤 하면서 견종의 특징을 끌어내어 좋은 모습으로 서게 하는 것을 의미한다.

**17** ③

도그쇼 클래스
㉠ 베이비 클래스 : 생후 3개월 1일 ~ 6개월
㉡ 퍼피 클래스 : 생후 6개월 1일 ~ 9개월
㉢ 주니어 클래스 : 생후 9개월 1일 ~ 15개월
㉣ 인터미디어트 클래스 : 생후 15개월 1일 ~ 24개월
㉤ 오픈 클래스 : 생후 24개월 1일 이상
㉥ 챔피언 클래스 : 챔피언 타이틀을 획득한 견
㉦ 베테랑 클래스 : 생후 8년 이상

**18** ①

① 짖는 문제 행동일 경우 반려견의 생활환경, 보호자의 생활 패턴, 언제부터, 얼마나, 어떻게, 누구에게, 어디에서 짖는지 확인한다.

**19** ①

① 즉시, 적절하게, 일관되게가 이루어져야 효과적인 결과를 얻을 수 있다.

**20** ④

④ 물리적 자극의 활용은 개의 교육에 있어 부정적 영향을 미칠 수 있다.

| 04 | 직업윤리 및 법률 | | | | | | | | |
|---|---|---|---|---|---|---|---|---|---|
| 1 | ② | 2 | ③ | 3 | ① | 4 | ③ | 5 | ③ |
| 6 | ① | 7 | ① | 8 | ② | 9 | ② | 10 | ② |
| 11 | ① | 12 | ② | 13 | ② | 14 | ④ | 15 | ④ |
| 16 | ① | 17 | ③ | 18 | ① | 19 | ③ | 20 | ④ |

## 1  ②

② 위원의 임기는 2년으로 한다〈동물보호법 제53조(윤리위원회의 구성) 제5항〉.

## 2  ③

③ 영업자의 지위를 승계한 자는 그 지위를 승계한 날부터 <u>30일</u> 이내에 농림축산식품부령으로 정하는 바에 따라 특별자치시장·특별자치도지사·시장·군수·구청장에게 신고하여야 한다〈동물보호법 제75조(영업승계) 제3항〉.

## 3  ①

① 한국소비자원은 법인으로 한다〈소비자기본법 제33조(설립) 제2항〉.

## 4  ③

③ 원장·부원장·소장 및 대통령령이 정하는 이사는 상임으로 하고 그 밖의 임원은 비상임으로 한다〈소비자기본법 제38조(임원 및 임기) 제2항〉.

## 5  ③

동물진료법인의 설립 허가 취소〈수의사법 제22조의5〉 … 농림축산식품부장관 또는 시·도지사는 동물진료법인이 다음 각 호의 어느 하나에 해당하면 그 설립 허가를 취소할 수 있다.
1. 정관으로 정하지 아니한 사업을 한 때
2. 설립된 날부터 2년 내에 동물병원을 개설하지 아니한 때
3. 동물진료법인이 개설한 동물병원을 폐업하고 2년 내에 동물병원을 개설하지 아니한 때
4. 농림축산식품부장관 또는 시·도지사가 감독을 위하여 내린 명령을 위반한 때
5. 제22조의3 제1항에 따른 부대사업 외의 사업을 한 때

## 6  ①

원장은 피해구제의 신청을 받은 날부터 <u>30일 이내</u>에 합의가 이루어지지 아니하는 때에는 지체 없이 소비자 분쟁조정위원회에 분쟁조정을 신청하여야 한다. 다만, 피해의 원인규명 등에 상당한 시일이 요구되는 피해구제신청사건으로서 대통령령이 정하는 사건에 대하여는 <u>60일 이내</u>의 범위에서 처리 기간을 연장할 수 있다〈소비자기본법 제58조(처리기간)〉.

## 7  ①

① 부대사업을 하려는 동물진료법인은 농림축산식품부령으로 정하는 바에 따라 미리 동물병원의 소재지를 관할하는 시·도지사에게 신고하여야 한다. 신고사항을 변경하려는 경우에도 또한 같다〈수의사법 제22조의3(동물진료법인의 부대사업) 제3항〉.

## 8  ②

② 이 법은 동물의 생명보호, 안전 보장 및 <u>복지 증진</u>을 꾀하고 건전하고 책임 있는 사육문화를 조성함으로써, 생명 존중의 국민 정서를 기르고 사람과 동물의 조화로운 공존에 이바지함을 목적으로 한다〈동물보호법 제1조(목적)〉.

**9 ②**

동물의 운송 … 동물을 운송하는 자 중 농림축산식품부령으로 정하는 자는 다음 각 호의 사항을 준수하여야 한다〈동물보호법 제11조 제1항〉.

1. 운송 중인 동물에게 적합한 사료와 물을 공급하고, 급격한 출발·제동 등으로 충격과 상해를 입지 아니하도록 할 것
2. 동물을 운송하는 차량은 동물이 운송 중에 상해를 입지 아니하고, 급격한 체온 변화, 호흡곤란 등으로 인한 고통을 최소화할 수 있는 구조로 되어 있을 것
3. 병든 동물, 어린 동물 또는 임신 중이거나 포유 중인 새끼가 딸린 동물을 운송할 때에는 함께 운송 중인 다른 동물에 의하여 상해를 입지 아니하도록 칸막이의 설치 등 필요한 조치를 할 것
4. 동물을 싣고 내리는 과정에서 동물 또는 동물이 들어있는 운송용 우리를 던지거나 떨어뜨려서 동물을 다치게 하는 행위를 하지 아니할 것
5. 운송을 위하여 전기(電氣) 몰이도구를 사용하지 아니할 것

**10 ②**

② 중앙행정기관의 장 및 지방자치 단체의 장은 권고를 받은 날부터 3개월 내에 필요한 조치의 이행계획을 수립하여 정책위원회에 통보하여야 한다〈소비자기본법 제25조(정책위원회의 기능 등제 제4항〉.

**11 ①**

① 수의사회를 설립하려는 경우 그 대표자는 대통령령으로 정하는 바에 따라 정관과 그 밖에 필요한 서류를 농림축산식품부 장관에게 제출하여 그 설립인가를 받아야 한다〈수의사법 제24조(설립인가)〉.

**12 ②**

윤리위원회의 기능 등 … 윤리위원회는 다음 각 호의 기능을 수행한다〈동물보호법 제54조 제1항〉.

1. 동물실험에 대한 심의(변경심의를 포함한다. 이하 같다)
2. 제1호에 따라 심의한 실험의 진행·종료에 대한 확인 및 평가
3. 동물실험이 제47조(동물실험의 원칙)의 원칙에 맞게 시행되도록 지도·감독
4. 동물실험시행기관의 장에게 실험동물의 보호와 윤리적인 취급을 위하여 필요한 조치 요구

**13 ②**

② 소장은 원장의 지휘를 받아 규정에 따라 설치되는 소비자안전센터의 업무를 총괄하며, 원장·부원장 및 소장이 아닌 이사는 정관이 정하는 바에 따라 한국소비자원의 업무를 분장한다〈소비자기본법 제39조(임원의 직무) 제3항〉.

**14 ④**

④ 동물보호관의 자격, 임명, 직무 범위 등에 관한 사항은 대통령령으로 정한다〈동물보호법 제88조(동물보호관) 제2항〉.

**15 ④**

④ 시·도지사와 시장·군수·구청장은 맹견이 사람에게 신체적 피해를 주는 경우 농림축산식품부령으로 정하는 바에 따라 소유자등의 동의 없이 맹견에 대하여 격리조치 등 필요한 조치를 취할 수 있다〈동물보호법 제21조(맹견의 관리) 제2항〉.

## 16 ①

시 · 도지사와 시장 · 군수 · 구청장은 법 제34조(동물의 구조 · 보호) 제3항에 따라 소유자 등에게 학대받은 동물을 보호할 때에는 「수의사법」 제2조(정의) 제1호에 따른 수의사의 진단에 따라 기간을 정하여 보호조치 하되, 5일 이상 소유자 등으로부터 격리조치를 해야 한다〈동물보호법 시행규칙 제15조(보호조치 기간)〉.

## 17 ③

처방전의 서식 및 기재사항〈수의사법 시행규칙 제11조 제3항〉 … 수의사는 처방전을 발급하는 경우에는 다음 각 호의 사항을 적은 후 서명(「전자서명법」에 따른 전자서명을 포함한다. 이하 같다)하거나 도장을 찍어야 한다. 이 경우 처방전 부본(副本)을 처방전 발급일부터 3년간 보관해야 한다.
1. 처방전의 발급 연월일 및 유효기간(7일을 넘으면 안 된다)
2. 처방 대상 동물의 이름(없거나 모르는 경우에는 그 동물의 소유자 또는 관리자(이하 "동물소유자 등"이라 한다)가 임의로 정한 것), 종류, 성별, 연령(명확하지 않은 경우에는 추정연령), 체중 및 임신 여부. 다만, 군별 처방인 경우에는 처방 대상 동물들의 축사번호, 종류 및 총 마릿수를 적는다.
3. 동물소유자 등의 성명 · 생년월일 · 전화번호. 농장에 있는 동물에 대한 처방전인 경우에는 농장명도 적는다.
4. 동물병원 또는 축산농장의 명칭, 전화번호 및 사업자등록번호
5. 다음 각 목의 구분에 따른 동물용 의약품 처방 내용

## 18 ①

① 국가는 소비자와 사업자 사이에 발생하는 분쟁을 원활하게 해결하기 위하여 <u>대통령령</u>이 정하는 바에 따라 소비자 분쟁해결기준을 제정할 수 있다〈소비자기본법 제16조(소비자분쟁의 해결) 제2항〉.

## 19 ③

소비자단체의 등록〈소비자기본법 시행령 제23조 제6항〉 … 소비자단체는 다음 각 호의 사항이 변경된 경우에는 변경된 날부터 20일 이내에 공정거래위원회 또는 시 · 도지사에게 통보하여야 한다.
1. 명칭
2. 주된 사무소의 소재지
3. 대표자 성명
4. 주된 사업내용

## 20 ④

④ 소비자 단체는 사업자 또는 사업자 단체로부터 제공받은 자료 및 정보를 소비자의 권익을 증진하기 위한 목적이 아닌 용도로 사용함으로써 사업자 또는 사업자 단체에 손해를 끼친 때에는 그 손해에 대하여 배상할 책임을 진다〈소비자기본법 제28조(소비자단체의 업무) 등 제5항〉.

| 05 | 보호자 교육 및 상담 | | | | | | | | |
|---|---|---|---|---|---|---|---|---|---|
| 1 | ③ | 2 | ① | 3 | ③ | 4 | ② | 5 | ④ |
| 6 | ② | 7 | ① | 8 | ② | 9 | ① | 10 | ③ |
| 11 | ④ | 12 | ④ | 13 | ④ | 14 | ③ | 15 | ① |
| 16 | ③ | 17 | ② | 18 | ② | 19 | ③ | 20 | ① |

## 1  ③

③ 사회화는 공공의 장소에서 나타날 수 있는 갈등을 최소화하는 최선의 예방 방법이다.

## 2  ①

① 강아지들이 설사하지 않거나 하는 등의 범위에서 4 ~ 5회 정도는 이전의 사료 양보다 더 많이 준다.

## 3  ③

③ 이해하기 용이한 주제를 화제로 선택한다.

## 4  ②

② 커뮤니케이션에 대한 수신자의 장애요인이다. 청취는 송신자가 아닌 수신자의 입장이기 때문이다.

## 5  ④

① 긍정화법 : 긍정적인 피드백과 메시지를 전하는 화법이다.
② 보상화법 : 단점이 있으면 장점도 있기 마련임을 강조하는 화법이다.
③ 칭찬화법 : 상대방의 장점을 긍정적으로 표현하는 화법이다.

## 6  ②

② 화자가 전달하고자 하는 내용에 대해 청자는 화자의 내용을 잘 듣고 있다는 의미에서 온몸으로 맞장구를 치는 등의 일종의 메시지를 보내야 한다.

※ 효과적인 경청방법
  ㉠ 인내심을 지녀라.
  ㉡ 온 몸으로 맞장구를 쳐라.
  ㉢ 말하지 마라.
  ㉣ 산만해질 수 있는 요소들을 제거하라.
  ㉤ 질문하라.
  ㉥ 전달하고자 하는 메시지의 핵심에 관심을 두어라.
  ㉦ 말하는 사람에게 동화되도록 노력하라.
  ㉧ 진심으로 듣기 원하는 것을 보여주어라.
  ㉨ 메시지의 내용 중에서 공감할 수 있는 부분을 찾아라.
  ㉩ 전달자의 메시지에 관심을 집중시켜라.

## 7  ①

① 지문은 You-Message에 대한 내용으로, 즉 상대의 잘못된 행동에 초점을 맞추는 것이 You-Message이다.

## 8  ②

② 고객들의 유형도 늘어나고 복잡다단해짐에 따라 이들의 요구 또한 다양하면서도 복잡해지고 있다. 즉. 사회, 문화, 정치, 경제 등이 발전할수록 고객들의 요구 또한 다양해짐에 주의해야 한다.

## 9  ①

① 대조 및 나열행동의 효과는 상품 속성의 평가에 관한 절대적인 기준이 없기 때문에 차별적인 대안으로 비교분석할 수 있게 해서 고객으로 하여금 직접 구매가치를 결정할 수 있게 하는 것이다.

※ **고객행동 유발의 특성**

  ㉠ **선도 효과** : 지명도 1위, 시장점유율 1위, 선호도 1위 등과 같이 시장 우위나 또는 브랜드 우위를 내세워 설득하는 효과이다.

  ㉡ **세뇌행동 효과** : 어떠한 특정의 브랜드나 또는 회사명 등을 집중적으로 광고해 경쟁자가 회상되는 것을 저지하며 자사고객의 로열티를 증가시키려는 의도적인 마케팅 전략의 결과로 나타나는 고객행동 유형이다.

  ㉢ **유인행동 효과** : 고객들의 과거경험 및 주관적 입장을 파악해서 고객들에게 새로운 것을 제시하거나 또는 고객의 구매유발 매개체를 만들고 이를 설득해서 고객의 행동을 유발하는 것이다.

  ㉣ **협상 커뮤니케이션 효과** : 고객이 현재 접촉 중인 기업의 상품이나 또는 서비스 등에 대한 갈등 및 망설임, 의문사항 등이 있을 시에 1:1 커뮤니케이션을 통해서 고객의 행동을 유도하는 것이다.

  ㉤ **구성 및 연출 효과** : 동일한 상품이라 할지라도 디자인과 가치 및 의미를 어떠한 방식으로 전달하느냐에 따라서 해당 상품의 이미지가 달라진다는 점을 강조하는 효과이다.

  ㉥ **대조 · 나열행동 효과** : 상품 속성의 평가에 관한 절대적 기준이 없으므로, 차별적인 대안으로 비교분석할 수 있게 하여 고객이 직접적으로 구매가치를 결정할 수 있게 하는 것이다.

## 10  ③

③ 밑줄 친 부분은 "B 혜택(benefits)"을 가시화시켜 설명하는 단계이다. 제시하는 이익이 고객에게 반영되는 경우 실제적으로 발생할 상황을 공감시키는 과정이다. 지문에서는 "가장 소득이 적고 많은 비용이 들어가는 은퇴 시기"라고 실제 발생 가능한 상황을 제시하였다. 또한, 이해만으로는 설득이 어렵기 때문에 고객이 그로 인해 어떤 변화를 얻게 되는지를 설명하는데, 지문에서는 보험 가입으로 인해 "편안하게 여행을 즐기시고 또한 언제든지 친구들을 만나서 부담 없이 만나"에서 그 내용을 알 수 있으며 이는 만족, 행복에 대한 공감을 하도록 유도하고 있다.

## 11  ④

④ 고객들에 대한 컴플레인 응대 시 '경청 → 공감 → 사과 → 모색 → 약속 → 처리 → 재사과 → 개선'의 과정을 거치게 된다.

## 12  ④

해설 서비스 실패

㉠ 책임이 분명한 과실

㉡ 고객이 느끼기에 제공받은 서비스에 대해서 심각하게 떨어지는 서비스 결과를 경험하는 것

㉢ 해당 서비스 접점에서 고객의 불만족을 발생시키는 열악한 서비스경험

㉣ 고객이 인지하고 있는 허용범위 이하로 떨어지는 서비스 성과

㉤ 책임소재와는 관련 없이 서비스의 과정이나 또는 결과에 있어서 무언가 잘못된 것

㉥ 서비스의 과정 및 결과에 대해 해당 서비스를 경험한 고객이 이로 인해 좋지 않은 감정을 지니는 것

## 13 ④

④ 책임 공감의 원칙은 고객의 불만이 단지 나를 향한 것이 아니라고 해서 책임이 없는 것은 아니며 전사적 입장에서 조직의 구성원으로서 고객들의 불만족에 대한 책임을 져야 한다는 것을 의미한다. 더불어 고객에게는 해당 파트의 담당자가 중요한 것이 아닌 실제적으로 고객의 문제를 해결해 줄 것인지 아닌지가 중요한 것을 말한다.

## 14 ③

③ 글로써 의사소통을 하면 중의적 표현으로 인해 해석이 다양해질 수 있다.

## 15 ①

① 반려견 보호자의 기분이 아닌 요구사항을 적절하게 파악하는 능력이다.

## 16 ③

③ 감성지능은 자신과 타인의 감정을 잘 통제하고 여러 종류의 감정들을 잘 변별하여 이것을 토대로 자신의 사고와 행동을 방향 지을 근거를 도출해 내는 능력이다. 피터 살라보이(peter salavoy)와 존 메이어(john mayer)가 제시하고 골먼이 1996년에 대중화하였다.

## 17 ②

알브레히트(karl albrecht)의 고객서비스의 7가지 죄악'

㉠ 무시(brush-off) : 고객의 요구 또는 상담에 대해 무시하고 고객을 피하는 일. 즉 정해진 시간과 절차 안에 고객을 속박시키고 고객의 문제에 대해서는 귀찮아하는 경우를 의미한다.

㉡ 무관심(apathy) : '나와는 관계없다'는 식의 태도. 즉 주로 일에 지친 서비스 종업원이나 뒷짐을 지고 있는 관리자 등에게서 자주 볼 수 있는 형태이다.

㉢ 어린애 취급(condescension) : 고객을 어린애 취급하는 것으로 이는 주로 의료기관에서 많이 볼 수 있다. 환자를 부르거나 대화할 때 낮추어 말하고, 치료 과정에 대해 자세히 설명해 주지 않고 의사만 알고 있으면 된다는 식을 의미한다.

㉣ 냉담(coldness) : 고객을 퉁명스럽고 불친절하게 대하는 등의 냉담한 반응을 보이면서 '방해가 되니 저쪽으로 가시오'라는 방식의 태도를 의미한다.

㉤ 규정대로(rulebook) : 고객의 만족보다 회사의 규칙을 우선시하고 자신이 맡은 업무 외에는 맡으려고 하지 않는 태도를 말하는 것으로 예외를 인정하거나 상식을 생각하지 않는다. 주로 무사안일주의 서비스 업체에서 흔히 볼 수 있다.

㉥ 로봇화(Robotism) : 제공되는 서비스가 정감이 없고 마치 기계처럼 응대하는 경우를 말한다. 주로 웃음기 없는 얼굴에 말도 없고 설령 인사를 하더라도 가식적으로 하는 것을 의미한다.

㉦ 발뺌(runaround) : 고객들의 불평불만에 대응하지 않고 '나는 모릅니다', '글쎄요', '윗분에게 물어보세요'로 대하고, 때로는 고객의 잘못으로 돌리는 경우를 의미한다.

## 18 ②

② 반려동물의 문제행동 교정 과정은, '반려동물 문제행동의 선별 → 초기 목표의 수립 → 약화계획의 설계 → 반려동물 문제행동 유지 조건의 확인 → 반려동물 교정계획의 실행 → 반려동물 교정의 완료 및 추후의 평가' 순으로 진행된다.

## 19 ③

③ 폐쇄형 질문은 고정형 질문이라고도 하며, 응답의 대안을 제시하고 그 중 하나를 선택하게끔 하는 질문방식이다. 다시 말해 객관식 형태의 4지 선다, 5지 선다형의 질문형태를 말한다.

## 20 ①

① MPT 회복 기법은 불만을 해결할 수 있는 사람을 찾고, 장소를 변경하고 시간적 여유를 제공하여 민원 응대에 긍정적인 효과를 주는 기법이다.

※ MPT 회복 기법

ㄱ man(사람) : 민원을 해결할 수 있는 권한이 높고 경험이 많은 책임자가 응대한다.

ㄴ place(장소) : 다른 고객이 불편함을 느끼지 않도록 편안하고 분리된 장소로 이동시킨다.

ㄷ time(시간) : 고객이 화를 진정할 수 있도록 일정 시간을 제공한다.

# 반려동물
# 행동지도사 2급

## -2025. 08. 23.
## 기출복원 모의고사-

| 성  명 | | 생년월일 | |
|---|---|---|---|
| 문항 수 | 100문항 | 점  수 | ______ / 100점 |

〈 유의사항 〉

- 문제지 및 답안지의 해당란에 문제유형, 성명, 응시번호를 정확히 기재하세요.
- 모든 기재 및 표기사항은 "컴퓨터용 흑색 수성 사인펜"만 사용합니다.
- 예비 마킹은 중복 답안으로 판독될 수 있습니다.

---

**01** 반려동물 행동학(20문항)

**1.** 다음 중 반려견이 귀를 뒤로 젖힌 경우 의사소통 신호로 적절한 것은?

① 순응
② 집중
③ 경계
④ 도전적

**2.** 카메라를 정면에서 들이대자 개가 입술을 짧게 핥고 시선을 피했다. 이때 가장 적절한 해석은?

① 지배행동
② 칭찬을 기대하는 강화 신호
③ 먹이를 구걸하는 행동
④ 불편함을 완화하려는 신호

**3.** 반려견이 병원 진료실에서 잔뜩 긴장을 하다가 진료를 마치고 나와서 갑자기 온몸을 털어냈다. 이 행동의 의미는?

① 진료 현장이 마음에 들어서 기분이 좋아진 것이다.
② 불쾌한 경험을 털어내는 리셋 행동이다.
③ 피부 질환에 의한 행동이다.
④ 공격을 준비하기 전에 예열 단계이다.

**4.** 정상행동이지만 문제행동이 될 수 있는 경우는?

① 집 앞을 지나가는 사람에게 지속적으로 경계하며 짖는 행동
② 놀이 중 가볍게 서로 쫓고 물기와 탐색하기
③ 보호자의 퇴근 시간에 맞춰 잠에서 깨는 행동
④ 병원 진료 후 몸을 한 번 털어내는 행동

**5.** 다음 사례에 해당하는 행동유형은?

> 보호자가 크게 화를 내며 야단치자, 반려견은 보호자를 쳐다보다가 갑자기 하품을 하고, 바닥 냄새를 맡으면서 몸을 살짝 긁었다. 상황은 계속 긴장된 상태였다.

① 전이행동
② 전위행동
③ 상동행동
④ 진동행동

**6.** 다음 중 활발하면서 잘 짖는 소형견종으로 적절한 것은?

① 페키니즈
② 골든 리트리버
③ 포메라니안
④ 로트와일러

**7.** 다음 중 반려견의 애착행동으로 적절한 것은?

① 보호자가 잠깐 화장실에만 들어가도 울부짖는다.
② 익숙한 상황에서도 보호자와 떨어지면 바닥을 핥고 몸을 떤다.
③ 보호자에게 기대거나 손을 올려 쓰다듬어 달라고 한다.
④ 보호자의 외출을 막기 위해 입을 물려고 한다.

**8.** 반려견이 두려움과 공포를 느껴서 하는 불안 행동은?

① 몸을 낮추고 꼬리를 말아 귀를 뒤로 붙인다.
② 보호자에게 기대어 잠을 청한다.
③ 꼬리를 흔들고 점프한다.
④ 꼬리를 세우고 다른 개의 생식기 냄새를 맡는다.

**9.** 다음 반려견이 보이는 행동유형으로 적절한 것은?

> 반려견을 쓰다듬다가 손을 멈추자, 강아지가 앞발로 보호자의 손을 계속 툭툭 치며 다시 쓰다듬어 달라고 요구한다.

① 관심 요구
② 강화물 집착
③ 요구 거부
④ 감각 자극

**10.** 다음 행동을 하는 반려견의 의사표현은?

> 낯선 개가 빠르게 다가왔다. 반려견은 순간 움찔하고 뒤로 물러났지만 계속 개가 다가오자, 몸을 낮추고 으르렁거리며 이빨을 보인다.

① 공포
② 애정
③ 과흥분
④ 반가움

**11.** 갈등 중재를 위해 반려견이 하는 카밍시그널로 적절한 것은?

① 앞가슴을 내리고 엉덩이를 들어올린다.
② 갈등이 있는 개 사이에 끼어든다.
③ 다른 개들 사이에서 앞발을 들고 서 있는다.
④ 자신의 얼굴 주변을 긁는다.

**12.** 다음의 반려견의 꼬리 표현이 의미하는 것은?

> 몸을 긴장시키고 꼬리를 높게 세운 채 흔들림이 거의 없다.

① 놀이
② 환영
③ 위협
④ 공포

**13.** 다음과 같은 배설문제 행동이 나타나는 원인은?

> 보호자가 외출하고 난 직후에 배뇨를 한다. 외출하고 온 보호자를 과흥분하면서 반긴다.

① 강박
② 영역확장
③ 우위
④ 분리불안

**14.** 다음 중 상동행동에 해당하는 것은?

① 다른 동물에게 낮은 자세로 몰래 접근하는 행동
② 자신의 꼬리 쫓는 행동
③ 부적절한 장소에서 배설
④ 보호자가 질책하면 으르렁 거리는 반응

**15.** 반려견의 적대행동에 해당하는 것은?

① 꼬리를 높여 느리게 흔들며 으르렁거린다.
② 가구 밑으로 숨는다.
③ 배변을 섭식한다.
④ 보호자에게 몸을 비비며 앞발을 올린다.

**16.** 반려견의 분리불안 행동에 해당하는 것은?

① 새로운 장소에 가면 구석에서 움직이지 않는다.
② 낯선 개를 보면 멀리 피하려고 몸을 낮추고 숨으려 한다.
③ 보호자가 귀가하면 꼬리를 천천히 흔들며 조용히 기다린다.
④ 보호자와 떨어지면 문 주변을 긁고 낑낑거리며 운다.

**17.** 반려견이 스트레스를 받으면 하는 행동이 아닌 것은?

① 혈압이 상승한다.
② 다리를 뻗고 바닥에 머리를 기대어 눕는다.
③ 물을 털듯이 몸을 흔든다.
④ 눈물을 흘린다.

**18.** 다음과 같은 행동에 의해서 나타날 수 있는 반려견의 문제행동은?

> • 가구와 벽에 소량만 남기듯이 마킹
> • 낯선 환경과 소음에 의한 불안
> • 사회적 압박이나 혼난 과도한 복종성에 발생

① 파괴행동
② 공격행동
③ 배설행동
④ 적대행동

**19.** 다음 훈련을 하기 적절한 발달단계 시기는?

> 강아지를 높게 들어 올리면서 가벼운 스트레스를 주면서 강아지에게 스트레스를 긍정적으로 받아들이게 하는 훈련이다.

① 신생아 시기
② 이행기
③ 성년기
④ 노년기

**20.** 다음에서 설명하는 반려견의 행동의 의미는?

> 꼬리를 높게 세우고 다른 개에게 자신의 항문 냄새를 맡게 한다.

① 경고
② 공격성
③ 자신감
④ 외로움

## 02 반려동물 관리학(20문항)

**1. 강아지의 거리 개념의 순서로 옳은 것은?**

① 개체적 거리 → 사회적 거리 → 도주 거리 → 임계 거리

② 사회적 거리 → 도주 거리 → 개체적 거리 → 임계 거리

③ 도주 거리 → 개체적 거리 → 임계 거리 → 사회적 거리

④ 임계 거리 → 도주거리 → 개체적 거리 → 사회적 거리

**2. 유루증의 원인이 되는 눈물의 색소 성분은?**

① 멜라닌

② 빌리루빈

③ 포르피린

④ 카로틴

**3. 강아지 간 기능에 해당하지 않는 것은?**

① 해독 작용을 통해 체내 유해 물질을 분해한다.

② 인슐린을 분비하여 혈당을 직접 조절한다.

③ 담즙을 생성하여 지방의 소화를 돕는다.

④ 영양소를 저장하고 에너지 대사를 조절한다.

**4. 강아지의 허벅지 안쪽에서 측정할 수 있는 것은?**

① 심박수

② 호흡수

③ CRT

④ 체온

**5. 심근의 특징으로 적절한 것은?**

① 등에서 어깨뼈를 삼각형으로 덮는다.

② 피로가 쉽게 누적된다.

③ 불수의근으로 자율신경의 지배를 받는다.

④ 발가락을 굽히거나 펴는 데 사용한다.

**6. 안압을 유지하며 각막과 홍채 사이를 채우고 있는 투명한 액체는?**

① 유리체

② 안방수

③ 망막

④ 맥락막

**7. 개 치아의 특징으로 적절하지 않은 것은?**

① 치아관은 에나멜질로 덮여 있다.

② 태어날 때부터 이빨이 있다.

③ 위턱에서는 제4전구치(P4)가 가장 크다.

④ 영구치 총 합계는 42개이다.

**8. 난포호르몬과 황체호르몬과 같은 성호르몬을 분비하는 내분비샘인 암컷의 생식기관은?**

① 질

② 난관

③ 난소

④ 자궁

9. 개 홍역 바이러스에 해당하는 것은?

① 코로나 바이러스

② 파보 바이러스

③ 아데노 바이러스 Ⅰ형

④ 디스템퍼 바이러스

10. 개 종합백신(DHPPL)에서 예방이 가능한 질병이 아닌 것은?

① 전염성 간염

② 켄넬코프

③ 파보 바이러스성 장염

④ 렙토스피라증

11. 개의 활력징후에 대한 설명으로 옳은 것은?

① 평균 혈압 80mmHg

② 대형견 맥박수 150회/분

③ 정상 체온 39℃

④ 정상 호흡수 50회

12. 개의 체리아이는 어느 부위가 변위가 되어 나타나는 질환인가?

① 제3안검

② 수정체

③ 망막

④ 홍체

13. 개의 월령별 치아의 발육 상태에 대한 설명으로 옳은 것은?

① 2개월령 – 치아가 없는 상태이다.

② 7개월 – 유치가 전부 나온 상태이다.

③ 1년령 – 아래턱 앞니에서 초기 마모가 관찰된다.

④ 3년령 – 영구치로 교체된다.

14. 개의 피모 특징에 따라 적절한 미용방법으로 옳은 것은?

> • 가늘고 짧은 금속 핀이 촘촘하게 배열되어 있다.
> • 엉킨 털을 풀어주고 죽은 털을 제거하는 데 효과적이다.
> • 중·장모종 반려견의 털 엉킴 관리와 일상 빗질에 주로 사용된다.

① 핀 브러시

② 슬리커 브러시

③ 러버 브러시

④ 언더코트 레이크

**15.** 다음에서 설명하는 소독제에 대한 설명으로 적절한 것은?

> - 양이온 계면활성제로 작용한다.
> - 그람양성균에 효과적이고 자극성이 비교적 적다.
> - 피부 · 기구 소독에 사용되지만 유기물에 의해 효과가 감소한다.
> - 결핵균과 아포균 또는 일부 바이러스에는 효과가 제한적이다.

① 치아염소산나트륨
② 1% 크레졸 비누액
③ 글루타알데하이드
④ 4급 암모늄

**16.** 다음 개에게 발생한 안전사고에서 부상을 대처하는 방법으로 적절한 것은?

① 폐쇄성 골절 – 손상 부위를 고정하고 움직이지 않게 한 뒤 즉시 병원으로 이송한다.
② 낙상 – 사고 발생 후 1시간 이내에 스스로 잘 움직인다면 병원은 방문하지 않는다.
③ 화상 – 즉시 화상 부위에 연고를 바로 바르고 붕대로 밀봉한다.
④ 교상(물린 상처) – 상처부위를 개가 핥게 한다.

**17.** 개의 위생관리 방법에 대한 설명으로 적절한 것은?

① 털 – 피부부터 털을 빗어서 강하게 밑으로 내리면서 빗는다.
② 귀 – 귀 안에 면봉을 깊게 넣어서 닦아낸다.
③ 눈 – 눈곱은 자연적으로 제거되므로 관리하지 않는다.
④ 항문낭 – 자연 배출이 되지 않는 경우 주기적으로 짜준다.

**18.** 개의 소화기관에 대한 설명으로 옳은 것은?

① 혀 점막에서는 맛을 느끼지 못한다.
② 구강과 식도 사이에 근육성 통로인 인두가 있다.
③ 위에서는 위산이 분비되지 않는다.
④ 내부 장기 중에서 췌장의 크기가 가장 크게 자리 잡고 있다.

**19.** 개에게 영양소에 대한 설명으로 적절한 것은?

① 지방 – 필수 영양소가 아니며 섭취할 필요가 없다.
② 비타민 – 체내에서 충분히 합성되므로 외부 공급이 필요 없다.
③ 탄수화물 – 개에게 주요 에너지원으로 사용되며 소화가 가능하다.
④ 단백질 – 에너지로만 사용되며 조직 형성과는 관련이 없다.

**20.** 개의 샴핑에 대한 설명으로 옳은 것은?

① 사람이 사용하는 샴푸를 사용한다.
② 알칼리화 된 피부를 중화시키기 위해 사용한다.
③ 정전기를 방지하는 기능이 있다.
④ 개의 피부는 pH 7 정도로 중성에 해당한다.

## 03 반려동물 훈련학(20문항)

**1. 다음 중 고전적 조건형성에 해당하는 훈련은?**

① 반려견이 앉은 다음에 다양한 장난감을 제공한다.
② 특정한 벨소리에 사료를 주면 벨소리만 들으면 침을 흘린다.
③ 큰 소음을 내다가 조용히 앉았을 때 소음을 멈춰준다.
④ 반려견이랑 놀다가 갑자기 점프를 하면 관심을 끊어낸다.

**2. 프리맥 원칙에 해당하는 훈련방법은?**

① 앉으면 문을 열고 산책을 나간다.
② 앉지 않으면 간식을 빼앗는다.
③ 얌전하게 있으면 불쾌한 소리를 들려준다.
④ 짖으면 산책을 취소한다.

**3. 플라이볼 경기규정 중 틀린 것은?**

① 4마리의 강아지와 4개의 박스 로더가 있어야한다.
② 핸들러의 도움 없이 코스를 완주해야 한다.
③ 견종에 제한 없이 참여할 수 있다.
④ 허들의 높이는 조정할 수 있다.

**4. 반려견의 행동 풍부화를 위한 요소가 아닌 것은?**

> 어린 강아지들에게 물기를 유도하고 자신감을 형성하기 위해 사용되는 도구에 해당한다. 놀이를 통해 올바른 물기 습관을 학습시키는 목적이다. 부드러운 재질이기에 치아가 약해도 안전하게 사용이 가능하다.

① 바이트패드
② 퍼피턱
③ 핀치칼러
④ 덤 벨

**5. 다음에서 설명하는 반려견 훈련대회로 적절한 것은?**

> 독일에서 군견 평가를 위해 발전한 국제 규격 경기이다. 추적, 복종, 보호 세가지 파트로 구성된다. 핸들러의 지시 정확성, 개의 집중력·용기·사회성 등이 종합적으로 평가된다. 고난도 전문 훈련 평가 경기에 해당한다.

① 어질리티
② 디스크독
③ 독트릭
④ IGP

**6. 반려견의 인지적 풍부화에 해당하는 것은?**

① 제한급식
② 보호자와 산책
③ 어질리티
④ 보호자의 만짐

**7.** 다음에서 설명하는 훈련 도구에 대한 설명으로 옳은 것은?

① 순면 더미는 성년기의 대형견을 위한 것이다.
② 황마 더미는 무는 힘이 강한 반려견이 장시간 사용하기 좋다.
③ 자석공은 더미 놀이를 하면서 어디로 튈지 모르는 기대 감을 준다.
④ 가죽공은 무는 힘이 약한 반려견에게 사용한다.

**8.** 다음에서 설명하는 훈련 방식은?

> 산책 중 앞서 달리며 끄는 개에게 리드줄을 약하게 당기고, 옆에 붙어 걷는 순간 압력을 풀어준다.

① 둔감화
② 정적 벌
③ 부적 강화
④ 역조건화

**9.** 트렉킹(족적 추척) 훈련이나 훈련경기 대회의 리드줄의 규정 길이는?

① 10m
② 5m
③ 1m
④ 30cm

**10.** 반려견에게 '기다려' 훈련에 대한 설명으로 옳은 것은?

① 주변에 반려견을 유혹할 수 있는 사물을 배치해둔다.
② 서서 기다리는 자세는 반려견이 참지 못하고 움직일 확률이 가장 높다.
③ 훈련이 진행될수록 반려견과 거리를 최대한 가깝게 서서 명령을 한다.
④ 보호자가 없을 때에는 기다리지 않아도 된다.

**11.** 다음 중 반려견의 '가져와' 훈련에 대한 설명으로 가장 적절한 것은?

① 물어온 물건을 빼앗듯이 즉시 회수한다.
② 물건을 가져오는 것보다 먼저 정확한 앉아 자세를 요구해야 한다.
③ 물건을 물고 돌아오는 행동 자체를 강화하고, 초기에는 완벽한 마무리를 요구하지 않는다.
④ 장난감 놓기가 가장 먼저 되는 것이 훈련의 핵심이다.

**12.** 다음에서 설명하는 문제 행동 교정방법은?

> 낯선 사람, 소리, 다른 개의 소리와 같은 특정 자극에 짖거나 회피 반응을 보이던 반려견에게 해당 자극이 나타나는 순간마다 간식이나 놀이 등과 같은 긍정적인 자극을 함께 제공하면서 기존의 부정적인 감정을 점차 긍정적인 감정으로 바꾸는 방법이다.

① 홍수법
② 둔감화
③ 역조건화
④ 노출

13. 산책훈련을 할 때 반려견이 보호자의 뒤에서 따라오는 경우 특징은?

① 과도한 흥분
② 공포에 의한 경계
③ 서열의 우월성
④ 놀이에 대한 욕구

14. 반려견에게 자동차에 대한 둔감화 훈련에 대한 설명으로 옳은 것은?

① 주차장을 산책하면서 자동차가 안과 밖을 사람이 오가는 것을 보게 한다.
② 차가 다니는 곳은 피해 다닌다.
③ 강제로 차량에 태워서 기다리게 한다.
④ 자동차가 많은 도로 옆으로 가서 큰소리와 움직임에 익숙해지게 한다.

15. 문제 행동을 하는 반려견에게 '앉아'를 활용하는 것은?

① 문제 행동을 처벌하는 명령을 할 때
② 반복적인 지시를 통해 반려견의 기분을 좋게 만들 때
③ 반려견의 과잉행동을 유도할 때
④ 반려견을 안전하게 대기하게 할 때

16. 반려견 행동 교정 방법에 대해서 바르게 설명한 것은?

① 체계적 둔감화 : 강한 자극을 지속적으로 주면서 적응을 시키는 것이다.
② 정적 약화 : 행동 뒤에 자극을 추가해 행동을 줄이는 방식이다.
③ 노출 : 자극을 주는 문제 행동을 일체 하지 않는 것이다.
④ 역조건화 : 현재 행동을 멈추게 하기 위해서 격리시키는 것이다.

17. 조작적 조건화의 조건 형성을 위해서 정적 벌에 해당하는 것은?

① 문제 행동을 하는 경우 좋아하는 것을 하지 않는다.
② 가치 있게 여기는 것을 제거한다.
③ 올바른 행동을 보이면 불편하게 주어지던 압력이나 자극을 즉시 제거한다.
④ 문제 행동을 하는 즉시 싫어하는 소리를 짧게 들려주어 행동을 감소시킨다.

18. 반려견이 병원 건물 앞에만 가도 떨고 도망가려 한다. 이는 어떤 훈련의 결과인가?

① 고전적 조건형성
② 조작적 조건형성
③ 부적 강화
④ 정적 벌

19. 강화물로 반려견 간식을 사용했을 경우 장점으로 적절한 것은?

① 보호자에 대한 의존성을 낮출 수 있다.
② 간식만으로 모든 상황에서 행동을 유지할 수 있다.
③ 즉각적인 제공이 가능해 행동과 결과의 연합이 빠르다.
④ 반려견의 공복 상태와 무관하게 동일한 효과를 낸다.

20. 과잉행동을 하는 반려견 교정훈련을 할 때 관찰해야 하는 것이 아닌 것은?

① 반려견의 품종별 서열과 지배성 여부
② 어떠한 것을 보면 과잉행동이 나타나는지
③ 보호자의 반응이 행동에 어떤 영향을 미치는지
④ 어린이, 노인 등 다른 사람들에게 나타나는 행동

## 04 직업윤리 및 법률(20문항)

1. 「동물보호법」상 맹견의 출입이 금지된 공간이 아닌 곳은?

① 어린이집
② 유치원
③ 초등학교
④ 공원

2. 「동물보호법」상 반려동물이 아닌 것?

① 햄스터
② 고양이
③ 기니피그
④ 도마뱀

3. 동물학대 행위에 해당하는 것이 아닌 것은?

① 목을 매다는 방법으로 죽음에 이르게 하는 행위
② 공개된 장소에서 죽이는 행위
③ 동물의 질병 예방을 위해 화학적 방법을 사용하여 상해를 입히는 행위
④ 광고의 목적으로 동물에게 상해를 입히는 행위

**4.** 반려동물 행동지도사의 자격정지에 해당하는 위반행위는?

① 동물보호법을 위반하여 벌금 이상의 형을 선고받고 그 형이 확정된 경우

② 다른 사람에게 명의를 사용하게 하거나 자격증을 대여한 경우

③ 자격정지기간에 업무를 수행한 경우

④ 거짓이나 부정한 방법으로 자격을 취득한 경우

**5.** 동물의 생명보호 및 복지 증진의 가치를 널리 알리고 사람과 동물이 조화롭게 공존하는 문화를 조성하기 위한 동물보호의 날은?

① 9월 3일

② 10월 4일

③ 11월 3일

④ 12월 10일

**6.** 「동물보호법」상 적절한 사육·관리에 해당하지 않는 것은?

① 동물의 운동·휴식 및 수면이 보장되도록 노력하여야 한다.

② 동물을 다른 장소로 옮긴 경우 동물이 새로운 환경에 적응하는 데에 필요한 조치를 하도록 노력하여야 한다.

③ 동물이 질병에 걸리거나 부상당한 경우에는 신속하게 치료한다.

④ 임신 중이거나 포유 중인 새끼가 딸린 동물은 다른 곳으로 운송하지 아니 한다.

**7.** 동물보호법령에 따라 동물의 운송을 할 때 지켜야 할 것은?

① 운송 중인 동물에게 적합한 사료와 물을 공급하지 아니할 것

② 동물을 운송하는 차량은 동물이 운송 중에 상해를 입지 아니하는 구조로 되어 있을 것

③ 급격한 출발·제동으로 신속하게 이동할 것

④ 병든 동물을 다른 동물과 운송하지 아니 하고 단독으로만 운송할 것

**8.** 동물보호법령에 따라 등록대상동물의 등록사항 및 방법으로 적절한 것은?

① 해당 동물의 소유권을 취득한 날에 신청서를 제출하여 등록한다.

② 신청서는 동물병원에 제출한다.

③ 동물등록증을 발급받은 경우 무선전자개체식별장치를 장착하지 않아도 된다.

④ 등록동물을 잃어버린 경우 잃어버린 날부터 20일 이내에 구청장에게 신고한다.

**9.** 동물보호법령에 따라 맹견의 관리로 적절한 것은?

① 목줄의 경우에는 길이가 5미터 이하인 목줄만 사용할 것

② 맹견이 이동장치를 이동하여 이동시키지 않을 것

③ 입마개는 물을 마시기 어려워서 사람에 대한 공격을 효과적으로 차단할 수 있도록 할 것

④ 월령이 3개월 이상인 맹견을 동반하고 외출할 때에는 맹견의 탈출을 방지할 수 있는 적정한 이동장치를 할 것

10. 「동물보호법」에 따라 1년 이하의 징역 또는 1천만 원 이하의 벌금에 처하는 경우는?

① 맹견을 유기한 소유자
② 목을 매다는 등의 잔인한 방법으로 동물을 죽음에 이르게 하는 행위
③ 반려동물에게 최소한의 사육공간 및 먹이 제공을 하지 않은 소유자
④ 반려동물 행동지도사의 명칭을 사용한 자

11. 「동물보호법」상 시·도지사에게 맹견사육허가를 받기 위해서 맹견을 사육할 때 필요한 요건은?

① 19세 미만의 사람
② 반려동물 행동지도사 자격증
③ 등록대상동물의 등록
④ 맹견수입신고

12. 「동물보호법」상 등록대상동물의 소유가 등록대상동물을 동반하고 외출할 때 준수해야 하는 사항은?

① 배설물이 생겼을 때 즉시 수거할 것
② 겨울에 동물에게 옷을 입혀줄 것
③ 동물 사후에 동물등록번호를 등록대상동물에게 부착할 것
④ 길이 10미터 이상의 목줄을 착용하게 할 것

13. 동물보호법령에 따라 맹견의 범위에 해당하는 것은?

① 골든 리트리버
② 말티즈
③ 보더콜리
④ 로트와일러

14. 동물보호법령에 따라 동물등록 신청서에 신청인이 작성해야 하는 동물의 정보가 아닌 것은?

① 이름
② 성격
③ 품종
④ 털색

15. 동물보호법령에 따라 맹견사육허가를 받은 사람이 받아야 하는 신규교육 시기는?

① 직전의 보수교육을 받은 날이 속하는 연도의 다음 연도 12월 31일까지
② 맹견이 개물림 사고를 일으킨 날부터 1개월 이내
③ 맹견사육허가를 받은 날부터 6개월 이내에 3시간
④ 수의사가 권고한 시기

16. 동물보호법령에 따라 맹견책임보험에 상해등급에 따른 보험 금액이 1,500만 원인 경우는?

① 위팔뼈 중간부분 분쇄성 골절
② 무릎관절 탈구
③ 발목관절부 골절
④ 엉덩관절 골절

17. 동물보호법령에 따라 맹견의 격리조치에 관한 기준으로 적절한 것은?

① 구청장은 맹견이 사람에게 신체적 피해를 주는 경우에는 소유자의 동의에 따라 맹견을 생포해야 한다.
② 마취를 해서 격리하는 방법을 우선적으로 사용하여 격리해야 한다.
③ 바람총(Blow Gun) 장비를 사용할 때에는 미간 부위에 발사해야 한다.
④ 맹견의 효율적인 생포·격리를 위하여 필요한 경우 소방관서의 장에게 필요한 협조를 요청할 수 있다.

18. 「폐기물관리법」상 동물의 사체처리 방법으로 적절한 것은?

① 산에 매립한다.
② 공터에서 소각한다.
③ 동물병원에 위탁하여 의료폐기물로 처리한다.
④ 길거리 아무 곳에다 버린다.

19. 「소비자기본법」에 따른 사업자의 책무가 아닌 것은?

① 물품으로 인하여 소비자에게 생명·신체 또는 재산에 대한 위해가 발생하지 아니하도록 필요한 조치를 강구하여야 한다.
② 물품을 공급함에 있어서 소비자의 합리적인 선택이나 이익을 침해할 우려가 있는 거래조건이나 거래방법을 사용하여서는 아니 된다.
③ 소비자에게 물품에 대한 정보를 성실하고 정확하게 제공하여야 한다.
④ 물품의 하자로 인한 소비자의 불만이나 피해를 해결하거나 보상하여야 하며, 채무불이행 등으로 인한 소비자의 손해는 배상하지 아니 한다.

20. 「소비자기본법」에 따른 소비자의 기본적인 권리가 아닌 것은?

① 용역으로 인한 생명·신체 또는 재산에 대한 위해로부터 보호받을 권리
② 물품의 사용으로 인하여 입은 피해에 대한 보상은 구제 요청을 한 경우에만 받을 권리
③ 물품을 선택함에 있어서 필요한 지식 및 정보를 제공받을 권리
④ 소비자 스스로의 권익을 증진하기 위하여 단체를 조직하고 이를 통하여 활동할 수 있는 권리

---

| 05 | 보호자 교육 및 상담(20문항) |
|---|---|

**1. 청유형으로 의사 전달을 하는 표현방법으로 적절한 것은?**

① 반려견을 데리고 여기 와주시겠어요?
② 길에 쓰레기를 버리지 마시오.
③ 강아지 배변봉투는 쓰레기통에 넣어주셔야 합니다.
④ 리드줄은 여기 있습니다. 리드줄을 하고 산책해주세요.

**2. 반려견 입양 전 보호자의 행동으로 틀린 것은?**

① 반려견이 살게 될 환경 조건을 고려한다.
② 키우고 싶을 때는 편안하게 언제든 키운다.
③ 반려견에게 필요한 물품을 미리 구매한다.
④ 반려견에 대한 정보를 사전에 공부한다.

**3. 보호자 교육방법 유형에 대한 설명으로 옳은 것은?**

① 강의법은 보호자 간에 상호작용으로 문제 해결능력을 향상시킬 수 있다.
② 사례학습법은 보호자에게 문제와 관련된 이론을 전달한다.
③ 문제중심학습은 반려동물 행동지도사가 일반적으로 이론을 전달한다.
④ 개별화된 교육법은 보호자와 반려동물의 특성에 맞춰 교육 내용을 조정한다.

**4. 반려동물 보호자의 훈련 계획을 수립할 때 보호자에게 안내해야 하는 사항은?**

① 반려동물의 행동 변화를 위해 반려동물 행동지도사가 전적으로 주도하여 진행
② 보호자와 반려동물 행동지도사 사이에 필요한 친밀도
③ 반려동물 행동지도사의 개인정보
④ 훈련을 하면서 해야 하는 보호자의 역할

**5. 보호자와 효과적인 커뮤니케이션을 하기 위한 화법으로 적절한 것은?**

① 결론과 요점만 말하지 않고 최대한 장황하게 말한다.
② 명령조로 말하기 보다는 청유형으로 말해야 한다.
③ 이해하기 어려운 전문적인 용어를 많이 사용하면서 말한다.
④ 부정적인 방향에 대해서만 설명한다.

**6. 보호자 교육을 할 때 설명하지 않는 것은?**

① 반려동물 행동지도사 자격증 취득일
② 행동 특성과 문제행동의 원인
③ 수행해야 할 훈련 방법과 역할
④ 리드줄 사용법

7. 보호자의 유형에 따라 적절한 교육방법은?

① 과보호를 하는 보호자를 지도할 때는 큰소리를 치며 윽박을 지른다.
② 반려동물에게 무관심한 보호자에게 실천 가능한 최소한의 목표를 설정한다.
③ 통제적인 보호자의 경우는 다양한 처벌 방법에 대해 알려준다.
④ 학습 의지가 있는 보호자에게 과도한 기대를 설정해준다.

8. 보호자에게 반려견에게 먹이를 주는 방법을 교육할 때 적절한 것은?

① 먹이를 주는 시간은 반려견의 생활 스타일에 맞춰야 한다.
② 먹이의 양을 일정하게 준다.
③ 밥그릇은 매번 다른 장소, 새로운 그릇으로 준다.
④ 먹이보다 간식을 더 많이 준다.

9. 보호자와 언어적 소통방법을 할 때 바람직한 태도는?

① 눈을 마주치지 않고 대화
② 팔짱을 끼고서 몸을 기댄 자세
③ 적절한 말의 속도와 분명한 발음
④ 문제상황에 보호자를 탓하며 의사를 전달

10. 위탁시설에서 반려견이 탈출을 한 경우 적절한 대응책은?

① 보호자에게 반려견 퇴소를 정중하게 요청한다.
② 시설 내의 청결을 유지한다.
③ 상주하는 수의사를 채용한다.
④ 잠금장치를 조정하고 CCTV를 설치한다.

11. 위탁시설에서 발생한 사건에 대한 대응책으로 옳은 것은?

① 시설에서 개에게 건강상 문제가 발생한 경우 전적으로 보호자 책임에 해당한다.
② 개가 시설에서 부상을 당한 경우에는 퇴소 조치를 한다.
③ 이물질을 음식으로 오해하고 삼키는 것을 예방하기 위해서 주변을 깨끗이 한다.
④ 개가 다른 개를 상해를 입힌 경우에 먹이를 더욱 풍부하게 전달한다.

12. 사후 관리 서비스 상황에 대한 적절한 해결 방안은?

① 반려동물이 같은 문제가 발생한 경우 보호자의 훈련 미흡만을 지적한다.
② 보호자가 변화가 없다고 불만을 제기하는 경우 즉시 법적 고발 조치를 한다.
③ 사후 관리 과정에서 보호자의 문의가 반복될 경우 상담을 중단한다.
④ 문제 원인을 재분석하고 보호자의 실천 여부를 점검한 후 훈련 계획을 보완한다.

13. 반려동물의 훈련 계약이 종료된 이후 보호자가 민원을 하는 상황에 적절한 대처는?

① 계약이 종료되었으므로 모든 문의에 응하지 않는다.
② 계약 범위 내 안내사항을 설명한 후 추가 상담을 제안한다.
③ 보호자에게 책임이 있음을 강조하며 민원을 종결한다.
④ 보호자에게 민원을 넣으면 감정적으로 힘들다고 호소한다.

14. 분리 불안을 보이는 반려견에 대해 MPT 기법을 적용한 관리 방법으로 가장 적절한 것은?

① 보호자가 외출할 때마다 강한 훈련을 반복하여 분리불안을 즉시 해결한다.
② 보호자의 외출 시간대를 조절하고, 혼자 있는 장소에서 자극을 최소화한다.
③ 반려견이 불안해할수록 보호자가 계속 곁에 머물며 안정을 시킨다.
④ 분리 불안은 성격 문제이므로 특별한 관리 없이 지켜본다.

15. 폭언을 하는 반려동물 보호자를 대응하는 방법으로 적절한 것은?

① 정중하지만 단호하게 중지를 요청하고 녹음을 할 것을 알린다.
② 폭언을 끝까지 들어주며 상황을 무마하기 위해 계속 사과한다.
③ 보호자의 태도에 감정적으로 대응하며 언성을 높인다.
④ 즉각적인 해결을 위해 무조건 보호자의 요구를 수용한다.

16. 외부 손님에게 짖음이 강한 반려견을 훈련할 때 보호자에게 교육해야 할 적절한 내용은?

① 짖는 행동은 성격적인 문제이므로 별도의 교육은 필요하지 않다.
② 손님 방문 시 반려견이 짖지 않는 행동을 보였을 때 보상을 제공하도록 한다.
③ 짖음이 심할수록 보호자가 큰 소리로 주의를 주도록 한다.
④ 손님이 올 때마다 반려견을 강하게 제지하여 짖음을 즉시 중단시킨다.

17. 보호자에게 클리커의 용도를 설명할 때 적절하지 않은 것은?

① 스틱형 클릭커는 손을 뻗어 방향을 제시하면서 동시에 클릭 소리를 낼 수 있어 목표 행동을 유도하는 데 활용할 수 있다.
② 박스형 클릭커는 버튼을 눌러 일정한 소리를 내어 바람직한 행동이 나타난 순간을 정확히 표시한다.
③ 클리커는 반려견이 잘못된 행동을 했을 때 주의를 주거나 혼내기 위한 도구로 사용할 수 있다.
④ 반지형 클릭커는 행동이 나타난 직후 사용하여 보상과 행동을 연결해 주는 신호로 활용한다.

18. 반려견 훈련 계획 중 보호자에게 안내해야 할 사항은?

① 반려견의 영양식 요리방법
② 훈련의 목표와 단계별 진행 방법
③ 훈련사의 개인적인 훈련 철학
④ 반려견과 무관한 보호자의 생활 습관

19. 반려견을 입양 후 월령별 관리하는 방법으로 적절한 것은?

① 2개월령에는 다른 사람이나 개와 접촉하지 않고 돌봐야 한다.

② 사회화 과정은 1년령이 된 시점부터 시작하면 된다.

③ 3개월령에는 새로운 환경에 적응하기가 쉬운 시기에 해당한다.

④ 3년령이 된 시기에서부터 호기심이 가장 왕성하게 발달하므로 다양한 교육을 한다.

20. 반려견의 공격성이 강화되는 잘못된 생활방식은?

① 보호자가 일관된 규칙을 세우고 차분하게 행동을 지도한다.

② 충분한 산책과 활동을 통해 스트레스를 해소한다.

③ 공격성이 나타나기 전 신호를 관찰하고 환경을 조정한다.

④ 공격 행동이 나타날 때마다 요구를 들어주어 상황을 회피한다.

# 반려동물 행동지도사

## 봉투모의고사

성   명

(자 필 성 명)

생 년 월 일

| 0 | 0 | 0 | 0 | 0 | 0 | 0 | 0 |
| --- | --- | --- | --- | --- | --- | --- | --- |
| ① | ① | ① | ① | ① | ① | ① | ① |
| ② | ② | ② | ② | ② | ② | ② | ② |
| ③ | ③ | ③ | ③ | ③ | ③ | ③ | ③ |
| ④ | ④ | ④ | ④ | ④ | ④ | ④ | ④ |
| ⑤ | ⑤ | ⑤ | ⑤ | ⑤ | ⑤ | ⑤ | ⑤ |
| ⑥ | ⑥ | ⑥ | ⑥ | ⑥ | ⑥ | ⑥ | ⑥ |
| ⑦ | ⑦ | ⑦ | ⑦ | ⑦ | ⑦ | ⑦ | ⑦ |
| ⑧ | ⑧ | ⑧ | ⑧ | ⑧ | ⑧ | ⑧ | ⑧ |
| ⑨ | ⑨ | ⑨ | ⑨ | ⑨ | ⑨ | ⑨ | ⑨ |

| 01 반려동물 행동학 | | 02 반려동물 관리학 | | 03 반려동물 훈련학 | | 04 직업윤리 및 법률 | | 05 보호자 교육 및 상담 | |
| --- | --- | --- | --- | --- | --- | --- | --- | --- | --- |
| 1 | ① ② ③ ④ | 21 | ① ② ③ ④ | 41 | ① ② ③ ④ | 61 | ① ② ③ ④ | 81 | ① ② ③ ④ |
| 2 | ① ② ③ ④ | 22 | ① ② ③ ④ | 42 | ① ② ③ ④ | 62 | ① ② ③ ④ | 82 | ① ② ③ ④ |
| 3 | ① ② ③ ④ | 23 | ① ② ③ ④ | 43 | ① ② ③ ④ | 63 | ① ② ③ ④ | 83 | ① ② ③ ④ |
| 4 | ① ② ③ ④ | 24 | ① ② ③ ④ | 44 | ① ② ③ ④ | 64 | ① ② ③ ④ | 84 | ① ② ③ ④ |
| 5 | ① ② ③ ④ | 25 | ① ② ③ ④ | 45 | ① ② ③ ④ | 65 | ① ② ③ ④ | 85 | ① ② ③ ④ |
| 6 | ① ② ③ ④ | 26 | ① ② ③ ④ | 46 | ① ② ③ ④ | 66 | ① ② ③ ④ | 86 | ① ② ③ ④ |
| 7 | ① ② ③ ④ | 27 | ① ② ③ ④ | 47 | ① ② ③ ④ | 67 | ① ② ③ ④ | 87 | ① ② ③ ④ |
| 8 | ① ② ③ ④ | 28 | ① ② ③ ④ | 48 | ① ② ③ ④ | 68 | ① ② ③ ④ | 88 | ① ② ③ ④ |
| 9 | ① ② ③ ④ | 29 | ① ② ③ ④ | 49 | ① ② ③ ④ | 69 | ① ② ③ ④ | 89 | ① ② ③ ④ |
| 10 | ① ② ③ ④ | 30 | ① ② ③ ④ | 50 | ① ② ③ ④ | 70 | ① ② ③ ④ | 90 | ① ② ③ ④ |
| 11 | ① ② ③ ④ | 31 | ① ② ③ ④ | 51 | ① ② ③ ④ | 71 | ① ② ③ ④ | 91 | ① ② ③ ④ |
| 12 | ① ② ③ ④ | 32 | ① ② ③ ④ | 52 | ① ② ③ ④ | 72 | ① ② ③ ④ | 92 | ① ② ③ ④ |
| 13 | ① ② ③ ④ | 33 | ① ② ③ ④ | 53 | ① ② ③ ④ | 73 | ① ② ③ ④ | 93 | ① ② ③ ④ |
| 14 | ① ② ③ ④ | 34 | ① ② ③ ④ | 54 | ① ② ③ ④ | 74 | ① ② ③ ④ | 94 | ① ② ③ ④ |
| 15 | ① ② ③ ④ | 35 | ① ② ③ ④ | 55 | ① ② ③ ④ | 75 | ① ② ③ ④ | 95 | ① ② ③ ④ |
| 16 | ① ② ③ ④ | 36 | ① ② ③ ④ | 56 | ① ② ③ ④ | 76 | ① ② ③ ④ | 96 | ① ② ③ ④ |
| 17 | ① ② ③ ④ | 37 | ① ② ③ ④ | 57 | ① ② ③ ④ | 77 | ① ② ③ ④ | 97 | ① ② ③ ④ |
| 18 | ① ② ③ ④ | 38 | ① ② ③ ④ | 58 | ① ② ③ ④ | 78 | ① ② ③ ④ | 98 | ① ② ③ ④ |
| 19 | ① ② ③ ④ | 39 | ① ② ③ ④ | 59 | ① ② ③ ④ | 79 | ① ② ③ ④ | 99 | ① ② ③ ④ |
| 20 | ① ② ③ ④ | 40 | ① ② ③ ④ | 60 | ① ② ③ ④ | 80 | ① ② ③ ④ | 100 | ① ② ③ ④ |

# 반려동물
# 행동지도사 2급
# [2025. 08. 23.
# 기출복원 정답 및 해설]

| 01 | 반려동물 행동학 | | | | | | | | |
|---|---|---|---|---|---|---|---|---|---|
| 1 | ① | 2 | ④ | 3 | ② | 4 | ① | 5 | ② |
| 6 | ③ | 7 | ③ | 8 | ① | 9 | ② | 10 | ① |
| 11 | ② | 12 | ③ | 13 | ④ | 14 | ② | 15 | ① |
| 16 | ④ | 17 | ② | 18 | ③ | 19 | ② | 20 | ③ |

**1  ①**

① 귀를 뒤로 젖히면 두려움과 순응적인 태도를 보이는 것이다.

**2  ④**

④ 시선 회피는 압박적인 상황에서 긴장을 낮추기 위한 카밍 시그널에 해당한다.

**3  ②**

② 몸 털기는 긴장 상황 직후에 스트레스를 해소하는 행동에 해당한다.

**4  ①**

① 짖기는 정상적인 행동에 해당한다. 하지만 지속적이고 과도하게 하는 경우에는 문제행동이 된다.
② 정상적인 놀이행동에 해당한다.
③ 예측 행동에 해당한다.
④ 정상적인 전위행동이자 카밍시그널에 해당한다.

**5  ②**

② 전위행동 : 원래 상황과 직접적으로 관련이 없는 행동이 튀어나오는 것이다.
① 전이행동 : 원래 행동의 대상에게 할 수 없는 경우 다른 대상에게 행동을 옮겨서 하는 것이다.
③ 상동행동 : 목적 없이 동일 행동을 반복하는 비정상적 행동 패턴이다.
④ 진동행동 : 자극이나 대상이 없음에도 필요하지 않은 행동이 혼자서 발생하는 것이다.

**6  ③**

③ 포메라니안은 경계심이 높고 짖음이 많은 견종이다.
① 페키니즈는 조용한 성향의 견종에 해당한다.
②④ 대형견에 해당한다.

**7  ③**

③ 보호자에게 신체 접촉을 하고 편안한 요구를 하는 것은 애착행동에 해당한다.
①②④ 불안을 기반으로 한 행동이다.

**8 ①**

① 몸을 낮추고, 꼬리를 말고, 귀를 뒤로 접는 것은 공포와 두려움을 기반으로 하는 불안행동에 해당한다.
② 편안한 상태에 해당한다.
③ 놀이 욕구를 보여주는 행동이다.
④ 자신감을 가지고 하는 행동이다.

**9 ②**

② 쓰다듬는 것을 강화물로 인식하여 보호자의 행동을 다시 시작하게 하기 위해서 앞발로 툭 치는 행동을 하는 것이다.
① 관심 요구는 특정한 행동을 원하는 것이 아니라 보호자의 반응 자체를 원하는 것이다.
③ 불편하거나 하기 싫은 행동을 피하려고 행동을 요구하는 상황이다.
④ 감각을 즐기기 위해서 혼자 반복하는 행동에 해당한다.

**10 ①**

① 뒤로 물러나고 난 이후에 방어적으로 으르렁 거리는 것은 공포 기반으로 하는 방어 반응에 해당한다. 공격 행동으로 보이지만 근본적으로 두려움에 의해 하는 행동이다.

**11 ②**

② 긴장한 개들 사이에 끼어드는 것은 갈등 중재 카밍시그널에 해당한다.
① 앞가슴을 들고 엉덩이를 드는 것은 놀이 신호에 해당한다.
③ 앞발을 들고 서 있는 것은 불안과 긴장의 신호이다.
④ 얼굴 주변을 긁는 것은 불안을 완화하기 위한 행동이다.

**12 ③**

③ 꼬리를 높게 세우는 것은 자신감과 경고의 행동에 해당한다. 몸이 긴장되어 시선을 고정하는 것은 위협과 경계를 하는 반응에 해당한다.

**13 ④**

④ 보호자의 부재 직후에 배뇨를 하는 것은 긴장과 불안을 완화하는 반응이다.
① 강박적인 배설은 반복적이고 의미 없는 특정 위치에 집착을 한다.
② 영역 표시는 자신감, 꼬리 높임, 소량 배뇨가 특징적인 행동으로 나타난다.

**14 ②**

② 상동행동은 목적 없이 반복적으로 계속되는 행동이다. 꼬리 쫓기, 반복적으로 걷기, 빙빙 돌기와 같은 행동이 나타난다.
① 사냥이나 탐색을 하는 행동이다.
③ 행동이나 환경에 문제에 의한 것이다.
④ 감정 표현이나 방어적인 공격 신호에 해당한다.

**15 ①**

② 공포 · 회피 행동에 해당한다.
③ 본능적으로 불안한 행동에 해당한다.
④ 친밀감과 관심요구 행동이다.

## 16 ④

④ 고립 불안에 의해 나타나는 스트레스 해소 행동에 해당한다.
① 새로운 장소에 대한 불안이다.
② 낯선 개에 대한 두려움에 나타난 행동이다.
③ 과흥분을 하지 않고 정상적으로 반가움을 표현하는 것이다.

## 17 ②

② 긴장이 풀리고 편안한 상태에 해당한다.
① 스트레스 호르몬에 의해서 혈압이 증가한다.
③ 전위행동으로 불편감과 긴장을 해소하려는 신호이다.
④ 스트레스에 의해 눈물 증가하는 생리적 반응이다.

## 18 ③

③ 마킹(영역 표지), 불안성 배설, 복종 배설은 모두 배설 문제 행동과 관련된다.

## 19 ②

② 생후 2 ~ 3주 전후인 이행기에는 감각이 열리고 외부 자극에 대한 기초 적응 능력이 형성된다. 이 시기에 짧고 가벼운 스트레스, 신체 접촉, 들어올리기, 자세 변화와 같은 자극을 통해서 스트레스 회복력을 기른다.

## 20 ③

③ 꼬리를 높게 세운 자세는 자신감, 안정감, 사회적 여유를 의미한다. 항문 냄새를 맡게 하는 것은 자신의 정보를 개방하는 행동으로 사회적 교류가 가능하다는 자신감의 의미이다.

| 02 | 반려동물 관리학 | | | | | | | | |
|----|----|----|----|----|----|----|----|----|----|
| 1 | ① | 2 | ③ | 3 | ② | 4 | ① | 5 | ③ |
| 6 | ② | 7 | ② | 8 | ③ | 9 | ④ | 10 | ② |
| 11 | ③ | 12 | ① | 13 | ③ | 14 | ② | 15 | ④ |
| 16 | ① | 17 | ④ | 18 | ② | 19 | ③ | 20 | ④ |

## 1 ①

① 개체적 거리는 아주 가까운 거리로 신뢰하는 대상에게만 허용된다. 사회적 거리는 인사·교류가 가능한 거리로 갈등 없이 소통이 가능한 범위이다. 도주 거리는 위협을 느끼면 피하려는 거리이다. 임계 거리는 가장 먼 거리면서 심리적 한계선에 해당한다.

## 2 ③

③ 포르피린 : 반려견의 눈물, 침, 소변 등에 포함된 색소 성분이다. 공기와 접촉하면서 적갈색이나 갈색으로 산화된다.
① 멜라닌 : 피부와 털 색을 결정하는 색소이다.
② 빌리루빈 : 황달과 관련된 담즙 색소이다.
④ 카로틴 : 식물성 채소에 해당한다. 체내에 축적이 되면 피부에 황변이 나타난다.

## 3 ②

② 간은 해독 작용, 담즙 생성, 탄수화물·단백질·지방 대사, 비타민·미네랄 저장 등의 대사 기능을 수행한다.

## 4 ①

② 호흡수는 흉곽 관찰이 필요하다.
③ 잇몸에서 측정해야 한다.
④ 직장 체온을 재는 것이 표준에 해당한다.

## 5 ③

③ 심근은 불수의근에 해당한다. 스스로 리듬을 만들어서 규칙적으로 수축과 이완을 한다. 혈액을 전신에 순환시킨다.

**6** ②

② 안방수 : 각막과 홍채 사이를 채우는 투명한 액체이다. 안압을 유지하고 각막과 수정체에 영양을 공급한다.
① 유리체 : 수정체 뒤쪽을 채우며 안구 형태를 유지하게 한다.
③ 망막 : 시각을 담당하는 신경조직이다.
④ 맥락막 : 혈관이 풍부한 층으로 영양 공급을 한다.

**7** ②

② 강아지 치아는 출생 시에는 무치아이다.

**8** ③

① 질 : 교미와 분만 통로 역할이다.
② 난관 : 난자 이동 및 수정을 하는 장소이다.
④ 자궁 : 수정란이 착상하고 태아가 발달하는 기관이다.

**9** ④

④ 개 홍역은 디스템퍼 바이러스에 의해 발생하는 전염병이다.

**10** ②

② 개 종합백신(DHPPL)은 디스템퍼, 전염성 간염(아데노바이러스), 파보 바이러스성 장염, 파라인플루엔자, 렙토스피라증을 예방한다.

**11** ③

③ 정상체온은 약 38.0 ~ 39.0℃이다.
① 평균 혈압은 110 ~ 160mmHg이다.
② 대형견의 정상 맥박수는 약 60 ~ 100회/분이다.
④ 정상 호흡수는 10~30회이다.

**12** ①

① 제3안검에 위치한 눈물샘이 정상 위치에서 돌출되면서 발생하는 질환에 해당한다. 돌출된 모양이 붉은 체리와 같아 보여서 체리아이라고 부른다.

**13** ③

③ 2개월령에는 유치가 전부 자라나고, 개는 4 ~ 6개월령에 유치가 전부 빠지고 영구치로 교체가 마무리 된다.

**14** ②

① 핀 브러시 : 핀이 듬성듬성 박혀져 있는 빗으로 털이 긴 품종에게 주로 사용한다.
③ 러버 브러시 : 단모종 마사지나 목욕을 할 때 사용하는 브러시이다.
④ 언더코트 레이크 : 이중모의 속털을 제거하기 위한 도구이다.

**15** ④

① 치아염소산나트륨 : 강력한 산화력이 있고, 바이러스ㆍ아포균에 효과가 있다.
② 1% 크레졸 비누액 : 강한 자극과 독성이 있으며 환경 소독용이다.
③ 글루타알데하이드 : 고수준 소독제로 기구 침적 소독을 한다.

**16** ①

② 낙상 후에는 움직이지 않게 한다. 반려견을 12시간 이상은 면밀히 관찰해야 한다.
③ 화상이 있다면 화상 부위를 차가운 물로 식혀주는 것이 우선이다.
④ 교상은 감염 위험이 높기 때문에 핥지 못하게 하고 세척과 소독 후에 진료를 봐야 한다.

**17** ④

① 피부부터 강하게 빗질하면 피부 손상과 통증을 유발한다.
② 면봉으로 깊게 넣어서 청소를 하면 외이도가 손상될 수 있다.
③ 눈곱은 닦아내어 관리를 한다.

**18** ②

② 인두는 음식물을 삼킬 때 식도로 전달하는 역할을 한다.
① 개의 혀에서 미뢰를 통해 맛을 느낀다.
③ 강한 위산이 분비되어 단백질 소화와 살균 작용을 한다.
④ 가장 큰 소화기관은 간에 해당한다.

**19** ③

③ 탄수화물을 소화하고 흡수하여 에너지원으로 활용이 가능하다.
① 지방은 필수 지방산 공급과 에너지를 제공하는 중요한 영양소이다.
② 체내 합성이 제한적인 비타민은 외부에서 섭취를 해야 한다.
④ 단백질은 근육과 조직 형성, 효소·호르몬 구성에 필수적이다.

**20** ④

①④ 개의 피부는 중성에 해당한다. 사람의 피부는 약산성이므로 사람의 피부에 사용하는 샴푸는 개의 피부에 자극을 준다.
② 샴푸의 목적은 세정이고 알칼리화 된 피부를 중화시키는 목적은 없다.
③ 린스나 컨디셔너가 정전기를 방지하는 기능이 있다.

| 03 | | 반려동물 훈련학 | | | | | | | |
|----|----|----|----|----|----|----|----|----|----|
| 1 | ② | 2 | ① | 3 | ① | 4 | ② | 5 | ④ |
| 6 | ③ | 7 | ④ | 8 | ③ | 9 | ① | 10 | ② |
| 11 | ③ | 12 | ③ | 13 | ② | 14 | ① | 15 | ④ |
| 16 | ② | 17 | ④ | 18 | ① | 19 | ③ | 20 | ① |

**1** ②

② 고전적 조건형성은 자극이 다른 자극과 반복해서 짝지어지면서 원래 없던 반응이 새로 생기는 학습에 해당한다.
①③④ 조건적 조건형성에 해당한다. 동물이 한 행동 뒤에 결과에 따라 행동의 빈도가 달라지게 하는 것이다.

**2** ①

① 프리맥의 원칙은 자주 하는 행동을 싫어하는 행동에 대한 보상으로 사용하는 것을 의미한다.

**3** ①

① 팀당 4마라의 개가 존재하고 박스 로더는 1명만이 존재한다.

**4** ②

① 바이트 패드 : 성견을 대상으로 강한 물기를 훈련하는 것이다.
③ 핀치칼러 : 목에 압력을 주어 교정을 하는 장비에 해당한다.
④ 덤 벨 : 운반 훈련을 위해 사용하는 것이다.

**5** ④

① 어질리티 : 보호자와 함께 장애물 코스를 속도와 정확성으로 통과하는 훈련대회이다.
② 디스크독 : 공중으로 던진 디스크를 점프, 추적, 캐치 기술로 잡는 퍼포먼스 훈련대회이다.
③ 독트릭 : 개가 지시에 따라서 다양한 예술적 · 기술적인 동작을 수행하는 훈련대회이다.

**6** ③

③ 인지적 풍부화란 반려견이 스스로 생각하고 판단하여 문제를 해결하게 유도하는 활동이다. 장애물 순서를 이해하고 지시를 해석하는 어질리티는 높은 수준의 인지 처리능력을 요구한다.
① 먹이 관리
② 사회적 풍부화
④ 감각 풍부화

**7** ④

④ 무는 힘이 약한 어린 개에게 그립 훈련 초기 단계에서 사용된다.
① 순면 더미는 어린 개, 그립 훈련 초기에 적합하다.
② 황마 더미는 내구성이 있지만 장시간 사용하면 반려견의 치아가 손상될 수 있다.
③ 자석공은 보호 훈련이나 회수 훈련 보조용으로 목표 지점을 물기를 유도할 때 사용된다.

**8** ③

③ 조건적 조건화에 따른 부적 강화에 대한 훈련이다. 불쾌한 자극을 제거하면서 행동이 증가한 것이다.
① 둔감화 : 자극에 점진적 노출하는 것이다.
② 정적 벌 : 불쾌한 자극을 주어 행동을 감소시키는 것이다.
④ 역조건화 : 불쾌한 자극을 긍정적인 자극으로 교체하는 것이다.

**9** ①

① 트렉킹 훈련에서 사용되는 리드줄 길이는 10m이다.

**10** ②

② 자기 통제력을 요구하는 훈련으로 엎드린 자세, 앉은 자세, 서 있는 자세 순서로 유지 난이도가 높아진다.
① 반려견을 유혹할 수 있는 사물은 주변에 두지 않는다.
③ 훈련이 진행될수록 거리 · 시간 · 방해 자극을 점진적으로 증가시켜야 한다
④ 보호자의 존재와 무관하게 유지되어야 하는 행동이다.

**11** ③

③ 가져와 훈련은 접근, 물기, 복귀, 놓기, 자세 정리가 훈련의 순서에 해당한다. 초기에는 핵심 행동의 연결을 만들어야 한다.
① 물건에 대한 소유욕과 경계심을 유발하여 가져오기 행동 자체를 약화시킨다.
② '가져와'는 자세 훈련이 아니라 회귀 행동 학습이 핵심이다. 자세는 후반 단계에서 추가한다.
④ 놓기는 중요하지만 가져오기 동작이 형성된 이후 단계에 가르쳐야 한다.

**12** ③

① 홍수법 : 자극을 한 번에 강하게 노출시키는 방법이다.
② 둔감화 : 자극 강도를 점진적으로 높여 익숙해지게 하는 방법이다.
④ 노출 : 자극을 보여주는 행위 자체를 의미한다.

**13** ②

② 산책훈련을 할 때 반려견이 보호자의 뒤에 붙어서 걷는 것은 주변 환경을 위협적이거나 불안하게 인식할 때 나타나는 반응이다. 공포 자극으로부터 거리를 두려는 회피 · 경계 행동이다.

## 14 ①

① 둔감화는 약한 자극을 점진적으로 노출시켜서 익숙해지는 것이다.

## 15 ④

④ '앉아' 훈련은 대체 행동으로 활용되는 기본적인 복종 명령에 해당한다. 문제 행동을 하는 반려견이 움직임을 멈추고 안정된 자세를 취하도록 유도하여 사고 예방과 자기 통제력 향상을 돕는다.

## 16 ②

② 정적 약화 : 문제 행동이 발생했을 때 불쾌하거나 싫은 자극을 추가하여 그 행동의 발생 빈도를 감소시키는 방법이다.
① 체계적 둔감화 : 약한 자극부터 점진적으로 노출하는 방법이다.
③ 노출 : 직 · 간접적으로 자극에 노출시키는 것이다.
④ 역조건화 : 부정적인 자극과 긍정적인 자극을 연합해 감정을 바꾸는 방법이다.

## 17 ④

④ 정적 벌은 문제 행동이 나온 직후에 불쾌한 자극을 추가하면서 문제 행동의 빈도를 감소시키는 것이다.
①② 부적 벌에 해당한다. 문제 행동을 하는 경우 좋아하는 자극을 제거하여 행동 빈도를 감소시키는 것이다.
③ 부적 강화에 해당한다. 바람직한 행동을 하는 경우 불쾌한 자극을 제거하여 행동 빈도를 증가시키는 방법이다.

## 18 ①

① 병원 냄새, 건물, 의사 가운 등의 중립 자극이 공포 경험과 연결되어 감정이 생긴 것이다.

## 19 ③

④ 간식은 행동 직후에 즉시 제공이 가능하여 행동과 결과 사이에서 시간 간격을 최소화 한다. 초기 훈련 단계에서 효과적인 강화물이다.
① 간식 의존이 생길 수 있다.
② 환경과 사회적인 보상이 병행되어야 한다.
④ 동기 수준에 따라서 간식의 강화 효과가 달라진다.

## 20 ①

① 과잉행동 교정은 행동이 언제, 무엇에 의해, 어떻게 강화되는지 분석해야 하는 것이다.
② 특정 자극은 직접적인 촉발 요인이 될 수 있다.
③ 보호자 반응은 과잉행동을 강화 또는 약화시킬 수 있다.
④ 특정 대상에 나타나는지 여부는 행동의 맥락과 원인 분석에 중요하다.

| 04 | 직업윤리 및 법률 | | | | | | | | |
|---|---|---|---|---|---|---|---|---|---|
| 1 | ④ | 2 | ④ | 3 | ③ | 4 | ① | 5 | ② |
| 6 | ④ | 7 | ② | 8 | ① | 9 | ④ | 10 | ④ |
| 11 | ③ | 12 | ① | 13 | ④ | 14 | ② | 15 | ③ |
| 16 | ④ | 17 | ④ | 18 | ③ | 19 | ④ | 20 | ② |

## 1 ④

맹견의 출입금지 등〈동물보호법 제22조〉… 맹견의 소유자등은 다음 각 호의 어느 하나에 해당하는 장소에 맹견이 출입하지 아니하도록 하여야 한다.

1. 「영유아보육법」 제2조(정의) 제3호에 따른 어린이집
2. 「유아교육법」 제2조(정의) 제2호에 따른 유치원
3. 「초·중등교육법」 제2조(정의) 제1호 및 제4호에 따른 초등학교 및 특수학교
4. 「노인복지법」 제31조(노인복지시설의 종류)에 따른 노인복지시설
5. 「장애인복지법」 제58조(장애인복지시설)에 따른 장애인복지시설
6. 「도시공원 및 녹지 등에 관한 법률」 제15조(도시공원의 세분 및 규모) 제1항 제2호 나목에 따른 어린이공원
7. 「어린이놀이시설 안전관리법」 제2조(정의) 제2호에 따른 어린이놀이시설
8. 그 밖에 불특정 다수인이 이용하는 장소로서 시·도의 조례로 정하는 장소

## 2 ④

④ 「동물보호법 시행규칙」 제3조(반려동물의 범위)에 따라 개, 고양이, 토끼, 페럿, 기니피그 및 햄스터가 반려동물의 범위에 해당한다.

## 3 ③

③ 「동물보호법 시행규칙」 제6조(동물학대 등의 금지) 제2항 제1호
①② 「동물보호법」 제10조(동물학대 등의 금지) 제1항
④ 「동물보호법」 제10조(동물학대 등의 금지) 제2항

## 4 ①

반려동물행동지도사의 결격사유 및 자격취소 등〈동물보호법 제32조 제2항〉… 농림축산식품부장관은 반려동물행동지도사가 다음 각 호의 어느 하나에 해당하면 그 자격을 취소하거나 2년 이내의 기간을 정하여 그 자격을 정지시킬 수 있다. 다만, 제1호부터 제4호까지 중 어느 하나에 해당하는 경우에는 그 자격을 취소하여야 한다.

1. 제1항 각 호의 어느 하나에 해당하게 된 경우
2. 거짓이나 그 밖의 부정한 방법으로 자격을 취득한 경우
3. 다른 사람에게 명의를 사용하게 하거나 자격증을 대여한 경우
4. 자격정지기간에 업무를 수행한 경우
5. 이 법을 위반하여 벌금 이상의 형을 선고받고 그 형이 확정된 경우
6. 영리를 목적으로 반려동물의 소유자등에게 불필요한 서비스를 선택하도록 알선·유인하거나 강요한 경우

## 5 ②

「동물보호법」 제4조의2(동물보호의 날) 제1항에 따라 10월 4일에 해당한다.

## 6 ④

적정한 사육·관리〈동물보호법 제9조〉

① 소유자 등은 동물에게 적합한 사료와 물을 공급하고, 운동·휴식 및 수면이 보장되도록 노력하여야 한다.
② 소유자 등은 동물이 질병에 걸리거나 부상당한 경우에는 신속하게 치료하거나 그 밖에 필요한 조치를 하도록 노력하여야 한다.
③ 소유자 등은 동물을 관리하거나 다른 장소로 옮긴 경우에는 그 동물이 새로운 환경에 적응하는 데에 필요한 조치를 하도록 노력하여야 한다.
④ 소유자 등은 재난 시 동물이 안전하게 대피할 수 있도록 노력하여야 한다.
⑤ 제1항부터 제3항까지에서 규정한 사항 외에 동물의 적절한 사육·관리 방법 등에 관한 사항은 농림축산식품부령으로 정한다.

**7  ②**

② 「동물보호법」 제11조(동물의 운송) 제2호

①③ 운송 중인 동물에게 적합한 사료와 물을 공급하고, 급격한 출발·제동 등으로 충격과 상해를 입지 아니하도록 할 것〈동물보호법 제11조(동물의 운송) 제1호〉

④ 병든 동물, 어린 동물 또는 임신 중이거나 포유 중인 새끼가 딸린 동물을 운송할 때에는 함께 운송 중인 다른 동물에 의하여 상해를 입지 아니하도록 칸막이의 설치 등 필요한 조치를 할 것〈동물보호법 제11조(동물의 운송) 제3호〉

**8  ①**

①② 등록대상동물의 소유자는 법 제15조 제1항 본문에 따라 등록대상동물을 등록하려는 경우에는 해당 동물의 소유권을 취득한 날(동물생산업자의 경우에는 소유권을 취득한 날 또는 영업의 허가를 받은 날) 또는 소유한 동물이 제4조 각 호에 따른 등록대상 월령이 된 날부터 30일 이내에 농림축산식품부령으로 정하는 동물등록 신청서를 특별자치시장·특별자치도지사·시장·군수·구청장에게 제출해야 한다〈동물보호법 시행령 제10조(등록대상동물의 등록사항 및 방법 등) 제1항〉.

③ 동물등록 신청을 받은 특별자치시장·특별자치도지사·시장·군수·구청장은 별표 1에 따라 동물등록번호를 부여받은 등록대상동물에 무선전자개체식별장치를 장착한 후 신청인에게 농림축산식품부령으로 정하는 동물등록증(전자적 방식을 포함)을 발급하고, 법 제95조 제2항에 따른 국가동물보호정보시스템을 통하여 등록사항을 기록·유지·관리해야 한다〈동물보호법 시행령 제10조(등록대상동물의 등록사항 및 방법 등) 제3항〉.

④ 등록동물을 잃어버린 경우 등록동물을 잃어버린 날부터 10일 이내에 특별자치시장·특별자치도지사·시장·군수·구청장에게 신고하여야 한다〈동물보호법 제15조(등록대상동물의 등록 등) 제1항 제1호〉.

**9  ④**

④ 「동물보호법」 제21조(맹견의 관리) 제2항

① 목줄의 경우에는 길이가 2미터 이하인 목줄만 사용할 것〈동물보호법 시행규칙 제12조의5(맹견의 관리) 제1항 제1호〉

② 맹견이 이동장치에서 탈출할 수 없도록 잠금장치를 갖출 것〈동물보호법 시행규칙 제12조의5(맹견의 관리) 제2항 제1호〉

③ 입마개의 경우에는 맹견이 호흡 또는 체온조절을 하거나 물을 마시는 데 지장이 없는 범위에서 사람에 대한 공격을 효과적으로 차단할 수 있는 크기의 입마개를 사용할 것〈동물보호법 시행규칙 제12조의5(맹견의 관리) 제1항 제2호〉

**10  ④**

④ 「동물보호법」 제97조(벌칙) 제3항 제2호

①③ 「동물보호법」 제97조(벌칙) 제2항에 따라 2년 이하의 징역 또는 2천만 원 이하의 벌금에 처한다.

② 「동물보호법」 제97조(벌칙) 제1항에 따라 3년 이하의 징역 또는 3천만 원 이하의 벌금에 처한다.

**11  ③**

맹견사육허가 등〈동물보호법 제18조 제1항〉 … 등록대상동물인 맹견을 사육하려는 사람은 다음 각 호의 요건을 갖추어 시·도지사에게 맹견사육허가를 받아야 한다.

1. 제15조에 따른 등록을 할 것
2. 제23조에 따른 보험에 가입할 것
3. 중성화(中性化) 수술을 할 것. 다만, 맹견의 월령이 8개월 미만인 경우로서 발육상태 등으로 인하여 중성화 수술이 어려운 경우에는 대통령령으로 정하는 기간 내에 중성화 수술을 한 후 그 증명서류를 시·도지사에게 제출하여야 한다.

## 12 ①

등록대상동물의 관리 등〈동물보호법 제16조 제2항〉… 등록대상동물의 소유자등은 등록대상동물을 동반하고 외출할 때에는 다음 각 호의 사항을 준수하여야 한다.

1. 농림축산식품부령으로 정하는 기준에 맞는 목줄 착용 등 사람 또는 동물에 대한 위해를 예방하기 위한 안전조치를 할 것
2. 등록대상동물의 이름, 소유자의 연락처, 그 밖에 농림축산식품부령으로 정하는 사항을 표시한 인식표를 등록대상동물에게 부착할 것
3. 배설물(소변의 경우에는 공동주택의 엘리베이터·계단 등 건물 내부의 공용공간 및 평상·의자 등 사람이 눕거나 앉을 수 있는 기구 위의 것으로 한정한다)이 생겼을 때에는 즉시 수거할 것

## 13 ④

맹견의 범위〈동물보호법 시행규칙 제2조〉
1. 도사견과 그 잡종의 개
2. 핏불테리어(아메리칸 핏불테리어를 포함한다)와 그 잡종의 개
3. 아메리칸 스태퍼드셔 테리어와 그 잡종의 개
4. 스태퍼드셔 불 테리어와 그 잡종의 개
5. 로트와일러와 그 잡종의 개

## 14 ②

② 「동물보호법 시행규칙」 별지 제1호 서식에 의하면 동물의 이름, 품종, 털색, 성별, 중성화, 특수목적, 출생일, 특이사항을 작성한다.

## 15 ③

③ 「동물보호법 시행규칙」 제12조의6(맹견사육허가를 받은 사람에 대한 교육) 제1항 제1호

## 16 ④

④ 「동물보호법 시행규칙」 별표3 보험금액에 의해 보험금액이 1,500만 원인 것은 엉덩관절 골절 또는 골절성 탈구, 척추체 분쇄성 골절 등이 있다.

## 17 ④

① 시·도지사와 시장·군수·구청장은 맹견이 사람에게 신체적 피해를 주는 경우에는 소유자등의 동의 없이 다음의 기준에 따라 해당 맹견을 생포·격리해야 한다〈동물보호법 시행규칙 [별표 2의2]〉.
② 마취를 하지 않고 격리하는 방법을 우선적으로 사용하여 격리해야 한다〈동물보호법 시행규칙 [별표 2의2]〉.
③ 바람총(Blow Gun) 등 장비를 사용할 때에는 엉덩이, 허벅지 등 근육이 많은 부위에 발사해야 한다〈동물보호법 시행규칙 [별표 2의2]〉.

## 18 ③

「폐기물관리법」 제2조(정의)에 의해 동물의 사체는 폐기물에 해당되어 폐기물 처리기준에 맞춰 버려야 한다.

**19** ④

④ 사업자는 물품 등의 하자로 인한 소비자의 불만이나 피해를 해결하거나 보상하여야 하며, 채무불이행 등으로 인한 소비자의 손해를 배상하여야 한다〈소비자기본법 제19조(사업자의 책무) 제5항〉.

**20** ②

② 물품 등의 사용으로 인하여 입은 피해에 대하여 신속·공정한 절차에 따라 적절한 보상을 받을 권리〈소비자기본법 제4조(소비자의 기본적 권리) 제5호〉

| 05 | | 보호자 교육 및 상담 | | | | | | | |
|---|---|---|---|---|---|---|---|---|---|
| 1 | ① | 2 | ② | 3 | ④ | 4 | ④ | 5 | ② |
| 6 | ① | 7 | ② | 8 | ② | 9 | ③ | 10 | ④ |
| 11 | ③ | 12 | ④ | 13 | ② | 14 | ② | 15 | ① |
| 16 | ② | 17 | ③ | 18 | ② | 19 | ③ | 20 | ④ |

**1** ①

① 청유형은 상대방에게 행동을 제안하거나 부탁을 하는 말투이다. 강압적이지 않고 선택의 여지를 남기는 의사 전달 방식이다.
②③④ 명령형으로 금지와 지시이다.

**2** ②

② 반려견 입양은 보호자의 일시적인 감정이나 충동에 따라 결정해서는 안 되며, 생활 환경, 시간적·경제적 여건, 책임감 등을 충분히 고려한 후 신중하게 결정해야 한다.

**3** ④

① 강의법은 지도사가 행동학 이론과 지식을 일방적으로 전달하는 교사 중심 교육방법이다.
② 사례학습법은 실제 사례를 분석하여 간접 경험을 통해 학습하는 방법이다.
③ 문제중심학습은 학습자가 실제 문제를 중심으로 해결 과정을 탐색하는 학습자 중심 교육방법이다.

**4** ④

④ 반려동물의 훈련은 보호자가 일상생활에서 지속적으로 수행해야 효과가 있다. 훈련 계획을 수립할 때에는 보호자가 어떤 역할을 맡아야 하는지를 안내하는 것이 중요하다.
① 보호자가 중심이 되어 일상에서 실천하도록 반려동물행동지도사가 지원해야 한다.
② 보호자와 반려동물 행동지도사 관계는 훈련 계획 수립 시 반드시 안내해야 하는 사항은 아니다.
③ 반려동물행동지도사의 개인정보는 훈련 계획과 관련이 없다.

**5** ②

② 보호자가 스스로 이해하고 실천할 수 있도록 청유형이나 설득형 화법으로 사용한다.
① 핵심 내용을 중심으로 명확하게 전달한다.
③ 쉬운 용어와 예시를 활용한 설명을 한다.
④ 부정적인 내용만 강조할 경우 보호자의 방어적 태도를 유발한다. 긍정적인 방향과 대안을 함께 제시한다.

**6** ①

① 보호자 교육에서는 행동 특성, 문제행동의 원인, 기질, 훈련 방법 등 교육 내용과 직접적으로 관련된 사항을 중심이 된다.

**7** ②

② 방임을 하는 보호자는 훈련과 관리에 대한 책임 인식과 실천 의지가 낮기 때문에 실천 가능한 최소한의 목표를 통해 훈련에 참여하도록 유도한다.
① 과보호형 보호자는 감정적으로 반려동물과 밀착되어 있으므로, 큰소리나 강압적인 태도는 방어적 반응을 유발할 수 있다.
③ 통제형 보호자에게 처벌 방법을 강조하는 것은 반려동물의 스트레스와 공격성을 증가시킬 수 있다.
④ 학습 의지가 있는 보호자에게 과도한 기대를 설정하면 좌절감이나 번아웃을 초래할 수 있다.

**8** ②

② 반려견의 식사 관리는 규칙성과 일관성이 중요하다.
① 먹이 시간은 반려견의 생활 스타일에 따라 임의로 조정하기보다는 정해진 시간에 규칙적으로 제공한다.
③ 밥그릇의 장소와 형태를 자주 변경하면 반려견에게 혼란과 불안을 유발한다.
④ 간식은 훈련 보조 수단으로 제한적으로 사용한다.

**9** ③

③ 보호자와의 효과적인 언어적 소통을 위해서 상대가 이해하기 쉬운 적절한 말의 속도와 분명한 발음으로 의사를 전달하는 것이 중요하다.

**10** ④

④ 탈출이 발생한 경우 재발 방지를 위해서 우선적으로 시설과 관리에서 개선 조치가 이루어져야 한다.

**11** ③

③ 위탁시설에서는 반려견의 안전사고를 예방하기 위해 환경 관리와 위험 요소 제거가 가장 기본적인 대응책이다.

**12** ④

④ 사후 관리 서비스는 훈련 이후 발생할 수 있는 문제를 점검하고, 필요에 따라 원인을 재분석하여 훈련 계획을 수정·보완하는 과정이다.

**13** ②

② 훈련 계약이 종료된 이후라도 보호자의 민원에 대해서는 전문가로서 기본적인 응대와 설명 책임이 요구된다. 민원의 내용을 객관적으로 확인하고, 계약 범위 내에서 가능한 안내를 제공하며, 추가적인 지원이 필요한 경우에는 별도의 상담 또는 재계약을 안내한다.

**14** ②

② MPT 기법은 훈련 이전에 자극을 관리하는 환경과 상황을 조절하는 기법에 해당한다. 사람(M), 장소(P), 시간(T)를 조절하여 문제행동이 발생하지 않도록 관리하는 것이다.

## 15 ①

① 폭언 상황에서는 감정적으로 대응하거나 무조건적인 사과나 수용을 하기보다, 전문가로서의 태도를 유지하며 명확한 한계를 설정하는 것이 중요하다.

## 16 ②

② 외부 손님에게 짖음이 강한 경우에는 반려견이 짖지 않는 대안 행동을 선택했을 때 긍정적으로 강화하는 교육이 필요하다.
① 짖음은 환경 자극과 학습의 결과일 수 있다.
③ 고성은 반려견에게 자극이 될 수 있다.
④ 강압적인 제지는 반려견의 불안과 공격성을 증가시킬 수 있다.

## 17 ③

③ 클릭커는 바람직한 행동이 나타난 순간을 정확히 표시하는 마커 신호에 해당한다.

## 18 ②

② 반려견 훈련 계획을 수립할 때에는 보호자가 훈련의 목표, 진행 단계, 보호자의 역할을 명확히 이해하도록 안내해야 한다.

## 19 ③

③ 약 3개월령 전후에 사회화가 활발히 이루어지는 시기이다. 새로운 환경에 비교적 쉽게 적응할 수 있는 발달 단계에 해당한다.
① 2개월령은 사회화가 시작되는 중요한 시기이다.
② 사회화는 생후 초기, 특히 3개월령 이전부터 시작하는 것이 중요하다.
④ 호기심과 학습 수용성이 가장 높은 시기는 유년 시기이다.

3년령은 성견에 해당한다.

## 20 ④

④ 반려견이 공격적인 행동을 보였을 때 보호자가 그 요구를 들어주거나 상황을 회피하면, 반려견은 공격 행동을 통해 원하는 결과를 얻을 수 있다고 학습하게 된다.

# 반려동물 행동지도사 2급

## −2024. 08. 24. 기출복원 모의고사−

| 성 명 | | 생년월일 | |
|---|---|---|---|
| 문항 수 | 100문항 | 점 수 | _____ / 100점 |

<〈 유의사항 〉

- 문제지 및 답안지의 해당란에 문제유형, 성명, 응시번호를 정확히 기재하세요.
- 모든 기재 및 표기사항은 "컴퓨터용 흑색 수성 사인펜"만 사용합니다.
- 예비 마킹은 중복 답안으로 판독될 수 있습니다.

## 01 반려동물 행동학(20문항)

**1.** 동물의 고정 행동 패턴(FAP) 및 자극에 대한 반응에 대한 연구를 한 생물학자는?

① 니콜라스 틴베르헌
② 콘라트 로렌츠
③ 카를 폰 프리슈
④ 에릭 에릭슨

**2.** 반려견의 정상행동에 해당하는 것은?

① 전위행동
② 진공행동
③ 상동행동
④ 섭식행동

**3.** 동물행동의 동기부여에 해당하지 않는 것은?

① 육아 욕구
② 다른 개체와의 상호작용
③ 환경 특성에 따라 다른 학습행동
④ 식욕, 수면욕 등과 같은 생존을 위한 욕구

**4.** 세계애견연맹에서 공인된 품종분류에 따라 5그룹에 속하는 견종은?

① 테리어 견종
② 스피츠 견종
③ 포인팅 견종
④ 쉽독 견종

**5.** 경비견에 해당하는 견종은?

① 비숑 프리제
② 벨지안 마리노이즈
③ 비글
④ 그레이트 피레니즈

**6.** 섭식행동을 목적으로 하는 사냥행동으로 먹잇감에 고도로 집중을 하는 공격행동에 해당하는 것은?

① 방어성 공격
② 공포성 공격
③ 포식성 공격
④ 영역성 공격

**7.** 반려견의 친화를 행동으로 옳은 것을 모두 고르시오.

> ㉠ 처음 만나면 생식기 탐색을 통해 상대방에 대한 파악한다.
> ㉡ 서로의 털을 핥거나 몸을 기댄다.
> ㉢ 싸움 상황에 하품을 하면서 눈을 피한다.
> ㉣ 자신의 음식이나 장난감을 지키기 위해서 으르렁거린다.

① ㉠
② ㉡, ㉣
③ ㉠, ㉡, ㉢
④ ㉡, ㉢, ㉣

**8.** 암캐의 무발정기 시기에 대한 설명으로 옳은 것은?

① 수캐에게 교배를 허용하는 시기이다.

② 자궁이 수복하는 시기이다.

③ 혈액성 삼출물이 보인다.

④ 프로게스테론의 농도가 높다.

**9.** 암캐의 임신과 분만시기에 대한 설명으로 틀린 것은?

① 분만 전에 비만이 되지 않도록 영양 섭취를 과하게 급여하지 않는다.

② 분만 직전에는 음식을 거부하고 구석진 곳을 찾아다니는 행동을 한다.

③ 분만 후 3주가량 오로가 나올 수 있다.

④ 분만 이후 칼슘 섭취를 제한한다.

**10.** 신생아기 반려견의 감각 발달에 대한 설명으로 옳은 것은?

① 후각은 태어나자마자 가장 먼저 발달한다.

② 청각은 생후 1주 이후에 인간보다 뛰어나게 발달한다.

③ 색을 구분하는 시각능력은 인간보다 뛰어나다.

④ 미각은 후각과 함께 가장 처음에 발달한다.

**11.** 반려견의 행동발달에 대한 설명으로 옳지 않은 것은?

① 신생아기에 청각이 발달한다.

② 이행기에 사회적인 행동 신호를 보이기 시작한다.

③ 약령기는 젖을 떼고 나서 성 성숙이 나타나기 전까지이다.

④ 사회화기에는 낯선 자극에 대한 감수성이 가장 높다.

**12.** 반려견의 행동 학습원리에 대한 설명으로 옳은 것은?

① 습관화를 통해 자극을 피하여 반응에 약해지게 만든다.

② 훈련에 반복하지 않고 한 번에 강한 보상과 처벌을 통해 교정한다.

③ 청소년기 이후의 반려견이 행동 학습 속도가 빠르다.

④ 다른 개나 친밀감이 높은 보호자의 행동을 관찰하고 모방하며 학습한다.

**13.** 반려견 사회화에 대한 설명으로 가장 적절한 것은?

① 사회화 공포시기에는 새로운 자극에 노출시키는 둔감화 훈련이 필요하다.

② 산책은 자제하고 보호자들하고 친분을 쌓는다.

③ 사회성이 부족한 경우 강아지카페나 시끄러운 곳에서 만남을 시작한다.

④ 다양한 소리에 노출시켜 익숙해지도록 한다.

**14.** 반려견이 복종한다는 의미의 신체 표현으로 옳은 것을 모두 <u>고르시오</u>.

> ㉠ 머리를 꼿꼿하게 들고 있다.
> ㉡ 귀가 뒤로 가서 아래로 바짝 내려간다.
> ㉢ 꼬리가 높이 올라가 있다.
> ㉣ 시선을 피한다.

① ㉠

② ㉡, ㉢

③ ㉡, ㉣

④ ㉢, ㉣

15. 반려견의 소리 표현 중 외롭거나 분리불안이 있는 반려견에게 자주 나타나는 울부짖음으로 가장 적절한 것은?

① 하울링
② 낑낑거리는 소리
③ 으르렁
④ 높은 소리의 짖음

16. 반려견의 의사표현과 그 의미를 바르게 연결한 것은?

① 귀를 쫑긋 세우고 머리를 좌우로 흔든다. - 호기심
② 물건을 물어뜯고 헤집어 놓는다. - 평온함
③ 꼬리를 다리 사이에 감추고 있다. - 반가움
④ 마킹 후에 마킹한 곳에서 뒷발질을 한다. - 공격성

17. 카밍시그널에 대한 설명으로 옳은 것은?

① 다른 개체를 주시하면서 자신이 위협적이지 않다는 신호를 보낸다.
② 보호자가 시야에서 벗어나면 낑낑거리는 소리를 낸다.
③ 놀이를 하면서 즐거울 때 몸을 털거나 하품을 자주 한다.
④ 낯선 강아지가 다가오면 바닥에 냄새를 맡으면서 스스로 진정하려고 한다.

18. 반려견의 애착으로 인한 문제행동에 해당하는 것은?

① 자전거나 자동차를 보면 과하게 짖는다.
② 보호자 가까이에 앉아있고 계속 따라다닌다.
③ 음식을 먹을 때 보호자가 다가가면 음식을 지키려는 반응을 보인다.
④ 보호자가 훈육을 하면 배설을 한다.

19. 반려견 스트레스를 받기 시작할 때 나타나는 주요 증상은?

① 체온이 하강한다.
② 보호자를 따라다니며 몸을 기댄다.
③ 과도하게 뛰어다닌다.
④ 발바닥에 땀이 난다.

20. 반려견이 보호자의 부름에 반응하지 않고 집중하지 않을 때 교정방법으로 적절한 것은?

① 반려견의 이름을 다양하게 변화시키면서 부른다.
② 훈련은 한번 할 때 시간을 길게 잡는다.
③ 반려견이 반응하면 즉각적으로 보상을 주면서 행동을 강화한다.
④ 처음 훈련은 익숙한 공원이나 거리에서 진행한다.

<table><tr><td>**02**</td><td>반려동물 관리학(20문항)</td></tr></table>

**1.** 개의 두상에 있는 뼈가 아닌 것은?

① 경골
② 전두골
③ 접형골
④ 비골

**2.** 개의 몸통에 해당하는 골격에 대한 설명으로 옳은 것은?

① 갈비뼈는 15쌍으로 구성된다.
② 경추, 흉추, 요추, 천추, 미추로 척주가 구성된다.
③ 천추는 4개가 있다.
④ 경추는 8개가 있다.

**3.** 개의 앞다리에 있는 관절이 아닌 것은?

① 견관절
② 슬관절
③ 완관절
④ 주관절

**4.** 개의 영구치는 총 몇 개가 있는가?

① 28개
② 35개
③ 40개
④ 42개

**5.** 개의 치아의 특징으로 적절한 것은?

① 탈락치와 영구치의 개수가 동일하다.
② 입 앞쪽에 위치하는 전구치로 음식을 찢는다.
③ 곱게 씹는 것에 특화되었다.
④ 침이 알칼리성이기 때문에 치석이 쉽게 만들어진다.

**6.** 뇌하수제 전엽에서 나오는 호르몬이 아닌 것은?

① 성장호르몬
② 항이뇨 호르몬
③ 난포자극호르몬
④ 갑상샘자극호르몬

**7.** 개의 생식기계통에 대한 설명으로 틀린 것은?

① 정소에서 정자를 생산하고 테스토스테론과 같은 호르몬을 생성한다.
② 부정소에서 정소를 일시적으로 저장한다.
③ 난관에서 난자를 생산하고 황체호르몬을 분비한다.
④ 수정된 배아는 자궁에 착상한다.

**8.** 개의 피부 특징에 대한 것으로 옳은 것은?

① 표피에는 20겹 이상 존재하여 방어에 강하다.
② 피부 pH는 약산성을 띤다.
③ 멜라닌 세포가 적으므로 자외선에 취약하다.
④ 피지선이 발달하여 보습기능이 강하다.

**9.** 개의 시각에 대한 설명으로 옳은 것은?

① 원근감을 인식하는 것에 탁월하다.

② 시야각이 발달하여 200 ~ 270°까지 볼 수 있다.

③ 빠른 움직임을 포착하는 것이 미숙하다.

④ 시각이 완전하게 흑백으로 보인다.

**10.** 개홍역에 대한 설명으로 틀린 것은?

① 과잉행동과 급격한 홍분으로 안절부절 못하는 증상이 나타난다.

② 감염이 의심되는 경우 다른 개와 격리해서 전염을 방지해야 한다.

③ 예방접종을 생후 6주 이후부터 정기적으로 접종해서 예방을 한다.

④ canine distemper virus(CDV) 바이러스에 의해 발생한다.

**11.** 개의 심장사상충에 대한 설명으로 옳은 것은?

① 세균성 전염 질환에 해당한다.

② 호흡기 전염성이 높은 열성 질환이다.

③ 감염초기에는 증상이 뚜렷하게 나타나지 않는다.

④ 심장사상충 2기에 카발증후군이 발생할 수 있다.

**12.** 개의 위생관리 방법에 대한 설명으로 옳지 않은 것은?

① 정기적으로 빗질을 하면서 죽은 털을 제거한다.

② 눈 주위를 닦아 눈곱이 쌓이지 않게 한다.

③ 귀청소에 면봉을 사용하면 귀지가 더 깊이 들어갈 수 있다.

④ 항문낭은 연 2회가량 동물병원에 방문하여 짜준다.

**13.** 개의 모질에 대한 설명으로 옳지 않은 것은?

① 권모 견종은 피부질환이 거의 발생하지 않는다.

② 장모 견종은 빗질을 자주 해야 한다.

③ 강모를 가진 대표 견종으로 잭 러셀 테리어가 있다.

④ 이중모 견종은 털을 짧게 미용하면 피부를 보호하는 기능이 약해질 수 있다.

**14.** 개의 피모 특징에 따라 적절한 미용방법으로 옳은 것은?

① 단일모 견종은 슬리커 브러시로 빗질을 하면서 죽은 속털을 제거한다.

② 컬리 코트 견종은 빗질을 매일하면서 엉킴을 방지한다.

③ 단모 견종은 주 3 ~ 4주마다 커트를 하는 것이 좋다.

④ 장모 견종은 주 1 ~ 2회 빗질을 한다.

**15.** 견종별로 클리핑 방법에 대한 설명으로 옳은 것은?

① 비글은 몸 전체를 클리핑하고 눈 앞은 짧게 다듬는다.

② 푸들은 얼굴 부위만 클리핑할 수 있으며 스타일에 제한
이 있다.

③ 골든 리트리버는 절대로 몸에 있는 털을 짧게 클리핑하
지 않는다.

④ 시츄는 털의 밀도가 높아 잘 엉키지 않아 클리핑 없이
빗질만으로 관리가 가능하다.

**16.** 견종의 꼬리 종류를 바르게 연결한 것은?

① 하이셋 테일 – 비글

② 오터 테일 – 불도그

③ 세이버 테일 – 포메라니안

④ 스크루 테일 – 차우차우

**17.** 개의 목욕 관리 방법으로 적절하지 않은 것은?

① 목욕 전에는 빗질을 진행하여 엉킨 털을 제거한다.

② 개의 체온과 유사한 온도로 목욕을 한다.

③ 주 1회 이상 목욕을 하는 것이 피부병 유발을 예방한다.

④ 눈과 귀, 코에 샴푸 거품이 들어가지 않게 한다.

**18.** 신체충실지수에 대한 평가방법으로 옳은 것은?

① BCS 1은 지방이 두껍게 몸을 덮고 있는 상태이다.

② BCS 3은 정상체중으로 뼈의 융기부에 약간의 지방층이
있는 상태이다.

③ BCS 4는 갈비뼈의 골격이 드러나 보이는 상태이다.

④ BCS 5는 피하지방이 없는 야윈 상태이다.

**19.** 개의 활력징후 설명으로 옳지 않은 것은?

① 정상 체온은 36.0 ~ 37.0℃이다.

② 맥박의 정상범위는 80 ~ 120회이다.

③ 호흡수의 정상 범위는 분당 10 ~ 30회이다.

④ 혈압 수축기 정상범위는 120 ~ 130mmHg이다.

**20.** 개의 탈수 가능성이 높은 상태는?

① 잇몸이 선명하게 분홍색인 상태

② 코와 입에서 과도하게 침이 나오고 있는 상태

③ 소변량과 소변 횟수가 많고 소변의 색이 진한 상태

④ 목덜미 피부를 살짝 당겼다가 놓으면 2초 이후에 복원
되는 상태

**03**        반려동물 훈련학(20문항)

**1.** 생후 2개월 반려견 훈련에 대한 설명으로 옳은 것은?

① 집중력이 높으므로 최대한 긴 시간 훈련을 진행한다.
② 물고 당기는 놀이를 통해서 자신감을 키울 수 있다.
③ 훈련이 끝나면 같이 가지고 놀았던 장난감을 반려견 잠
   자리 곁에 둔다.
④ 반려견이 지칠 때까지 놀 수 있도록 제한 없는 놀이 시
   간을 준다.

**2.** 클리커를 사용한 훈련에 대한 설명으로 틀린 것은?

① 딸깍하는 일정한 신호로 행동교정을 하는 훈련 도구이다.
② 집중력을 기르는 데에 도움이 된다.
③ 두 번 이상 연속으로 누르면서 반려견의 주의를 집중한다.
④ 소리가 나면 간식이 나온다는 것을 연관시켜서 훈련을
   한다.

**3.** 다음에서 설명하는 훈련장비로 적절한 것은?

> 이 장치는 대형견이나 힘이 강한 개의 통제와 훈련을
> 위해 사용하는 것이다. 목 주위에 둥글게 배열된 금속
> 갈퀴가 부착되어 있고 줄이 당겨지면 갈퀴가 목에 가벼
> 운 압력을 준다. 주로 주로 기질이 강하고 피부가 두꺼
> 운 대형견에게 사용되는 편이다.

① 핀치칼라
② 하네스
③ 리드줄
④ 입마개

**4.** 반려견의 행동 풍부화를 위한 요소가 아닌 것은?

① 환경
② 먹이
③ 감각
④ 제한

**5.** 행동 풍부화를 위한 활동으로 적절하지 않은 것은?

① 간식을 물에 넣고 얼려서 급여한다.
② 집안 곳곳에 간식이나 사료를 숨겨서 찾아 먹게 한다.
③ 동일한 일상을 반복적으로 보낸다.
④ 가족과 함께 하는 놀이를 즐긴다.

**6.** 반려견의 행동 풍부화에 영향을 주는 환경적 요인은?

① 활동하는 공간의 반경이 좁거나 단조로운 경우 안정감
   을 느낀다.
② 반려견 스포츠대회에 참여하여 낯선 장소에 대한 경계
   를 경감시킨다.
③ 외부의 큰 소리나 예측 불가능한 상황은 불안을 유발한다.
④ 다양한 장소에서 먹이를 제공하여 낯선 사람에 대한 경
   계심을 해소시킨다.

7. 반려견의 사회적인 요소 풍부화를 위한 활동으로 옳은 것은?

   ① 가족 이외에 다양한 사람을 만난다.
   ② 반려견에게 실내에서 빗질을 자주 해준다.
   ③ 반려견이 관심을 가지면서 탐구할 물건을 제공한다.
   ④ 먹이를 흩뿌려서 급여한다.

8. 반려견 행동 풍부화의 주된 목적은?

   ① 반려견의 문제행동의 교정훈련이다.
   ② 반려견의 에너지와 욕구를 적절하게 해소시킨다.
   ③ 선천적으로 있는 피부질환을 완화시킨다.
   ④ 반려견에게 특정 명령을 빠르게 가르칠 수 있다.

9. 반려견의 긍정적인 행동 강화 훈련에 대한 설명으로 옳지 않은 것은?

   ① 보호자가 원하는 행동에 대한 지시를 따른 경우 즉시 쓰다듬거나 간식을 준다.
   ② 산책 중에 리드줄을 당기는 경우에는 산책을 즉시 중단한다.
   ③ 두려워하는 자극을 낮은 강도에서부터 점진적으로 노출시킨다.
   ④ 기호도 높은 장난감을 보상으로 제공한다.

10. 반려견의 훈련 원칙에 해당하지 않는 것은?

   ① 즉각적인 보상
   ② 명령어의 다양성
   ③ 훈련의 반복
   ④ 훈련자와 반려견 사이의 신뢰

11. 반려견 화장실 교육방법으로 적절하지 않은 것은?

   ① 배변할 장소는 지정해놓고 교육한다.
   ② 배변을 할 때 음성으로 명령신호를 추가한다.
   ③ 지정된 공간에서 배변을 하면 즉시 보상을 한다.
   ④ 보호자가 선택한 화장실을 반려견이 사용할 수 있도록 유도한다.

12. 음식으로 훈련의 강화물을 사용하는 경우 주의해야 할 점은?

   ① 간식은 하루 전체 섭취량에 맞게 급여하여 비만을 예방한다.
   ② 기호성이 낮은 음식을 사용하여 훈련을 진행한다.
   ③ 훈련초기에는 간헐적으로 음식을 제공한다.
   ④ 먹는 데 시간이 오래 걸리는 딱딱한 간식을 제공한다.

**13.** 주위의 물건을 씹으면서 파괴하는 행동을 교정할 때 적절한 훈련방법은?

① 씹기를 하는 경우 원인은 불안에 의한 것으로 불안을 완화하는 훈련을 먼저 진행해야 한다.
② 과거에 물어뜯은 장난감을 보여주면서 훈련을 한다.
③ 씹을 수 있는 장난감이나 물건을 주변에 가득 제공한다.
④ 씹기 본능을 충족할 수 있도록 씹을 수 있는 인공 뼈를 제공한다.

**14.** 초인종 소리에 짖는 반려견을 교정하는 훈련방법으로 옳은 것은?

① 초인종 소리를 들려주면서 짖음이 멈추면 보상을 한다.
② 짖음이 과한 경우에는 산책을 제한한다.
③ 짖고 있을 때 간식이나 장난감으로 주의를 돌린다.
④ 짖을 때마다 달려가서 반려견을 안아서 제지한다.

**15.** 영역을 지키기 위해서 낯선 사람이 오면 공격행동을 하는 반려견을 교정하는 훈련방법으로 적절하지 않은 것은?

① 반려견이 공격적인 행동을 하면 낯선 사람 신속하게 격리하고 조용한 장소에서 쉬게 한다.
② 낯선 사람이 접근하는 것을 보이지 않도록 외부 자극이 노출되지 않는 환경서 머무르게 한다.
③ 낯선 사람이 나타날 때마다 긍정적인 경험이 생길 수 있도록 훈련을 한다.
④ 낯선 사람이 들어오기 전에 기본 명령에 따를 수 있도록 반복적으로 훈련을 한다.

**16.** 식분증 반려견에게 필요한 훈련이 아닌 것은?

① 반려견이 배변 후에 즉시 배변을 치워서 환경을 깨끗하게 유지한다.
② 배변 후에 간식을 제공하고 대변을 치운다.
③ 배변을 먹으려고 하는 순간에 즉시 큰소리를 내고 달려가 제지한다.
④ 영양 결핍 여부를 검진 받는다.

**17.** '엎드려' 훈련방법에 대한 설명으로 적절하지 않은 것을 모두 고르면?

ㄱ 반려견이 일어서 있는 자세를 먼저 취하게 합니다.
ㄴ 손에 쥐고 있는 간식을 반려견의 코앞에서 천천히 바닥으로 내리면서 자연스럽게 앉게 만듭니다.
ㄷ 강아지가 고개를 숙이고 엎드리면 '엎드려' 명령어를 사용합니다.
ㄹ 올바른 자세가 되면 칭찬과 간식을 제공합니다.
ㅁ 엎드려 있지 않는다면 손으로 억지로 엎드리게 자세를 만들어 줍니다.
ㅂ 하루에 여러 번 짧게 훈련을 합니다.

① ㄱ, ㅁ
② ㄴ, ㄷ, ㄹ
③ ㄷ, ㅁ, ㅂ
④ ㄱ, ㄹ, ㅁ, ㅂ

18. 짖음이 심한 반려견의 문제행동을 파악할 때 관찰해야 하는
것이 아닌 것은?

① 짖는 소리
② 짖는 대상
③ 사료량 · 음수량
④ 일상 패턴

19. 파괴행동을 하는 반려견의 문제행동을 파악할 때 관찰해야
하는 것이 아닌 것은?

① 파괴하는 대상을 파악한다.
② 파괴행동을 하기 전에 귀, 꼬리, 털 등의 상태를 확인한다.
③ 파괴한 후에 과도하게 핥거나 짖는 등의 다른 행동이
동반되는가를 확인한다.
④ 어린이 · 노인 · 성인이 다른 사람들이 곁에 있을 때 행
동 변화 여부를 점검한다.

20. 과잉행동을 하는 반려견에게 주요하게 관찰되는 신체적 신
호가 아닌 것은?

① 지나치게 빠르고 얕은 호흡
② 안절부절 못하면서 몸을 앞뒤로 흔드는 것
③ 과도하게 짖고 뛰어다니는 것
④ 귀가 뒤로 확 젖혀져 있는 것

## 04 직업윤리 및 법률(20문항)

1. 「동물보호법」에 따라 적정한 사육 · 관리 방법이 아닌 것은?

① 소유자는 동물에게 적합한 사료와 물을 공급하고, 운
동 · 휴식 및 수면이 보장한다.
② 소유자는 개에게 3년마다 1회 이상 구충을 한다.
③ 소유자는 동물이 질병에 걸리거나 부상당한 경우에는
신속하게 치료한다.
④ 소유자는 다른 장소로 옮긴 경우에는 새로운 환경에 적
응하는 데에 필요한 조치를 한다.

2. 「동물보호법」에 따라 동물을 죽이거나 죽음에 이르게 하는
행위로 금지되는 것이 아닌 것은?

① 사람의 생명 · 신체에 대한 직접적인 위협을 가하여 다
른 방법이 없어 죽이는 행위
② 공개된 장소에서 죽이는 행위
③ 목을 매다는 잔인한 방법으로 죽음에 이르게 하는 행위
④ 부득이한 사유가 없음에도 동물을 다른 동물의 먹이로
사용하는 행위

3. 「동물보호법」에 따라 동물에게 금지되는 행위가 아닌 것은?

① 약물과 같은 화학적 방법을 사용하여 상해를 입히는 행위
② 살아있는 상태에서 동물의 체액을 채취하는 행위.
③ 부득이한 사유가 없음에도 불구하고 동물을 혹한의 환
경에 방치하여 고통을 주는 행위
④ 전국 규모 민속경기 소싸움을 목적으로 동물에게 상해
를 입히는 행위

4. 「동물보호법」에 따라 준수해야 하는 동물의 운송방법이 아닌 것은?

① 운송하는 동물 중에 병든 동물이 있다면 운송하지 않을 것
② 급격한 출발·제동 등으로 충격과 상해를 입지 아니하도록 할 것
③ 급격한 체온 변화, 호흡곤란 등으로 인한 고통을 최소화할 수 있는 구조로 되어 있을 것
④ 운송 중인 동물에게 적합한 사료와 물을 공급하는 것

5. 「동물보호법」에 따라 다음 빈칸에 적절한 것은?

> 거세, 뿔 없애기, 꼬리 자르기 등 동물에 대한 외과적 수술을 하는 사람은 (          )에 따라야 한다.

① 동물 윤리
② 「축산물 위생관리법」
③ 수의학적 방법
④ 시·도의 조례

6. 「동물보호법」에 따라 맹견수입신고를 하려는 자가 신고서에 기재하여 농림축산식품부장관에게 제출해야 하는 정보가 아닌 것은?

① 품종
② 수입 목적
③ 사육 방법
④ 사육예정 장소

7. 「동물보호법」에 따라 맹견사육허가의 결격사유에 해당하는 자는?

① 미성년자
② 피한정후견인
③ 「동물보호법」 제21조를 위반하여 벌금 이상의 실형을 선고받고 그 집행이 면제된 날부터 5년이 지나지 아니한 사람
④ 「정신건강증진 및 정신질환자 복지서비스 지원에 관한 법률」 제3조 제1호에 따른 정신질환자

8. 「동물보호법」에 따라 맹견의 출입이 금지되는 장소가 아닌 것은?

① 노인복지시설
② 고등학교
③ 장애인복지시설
④ 어린이집

9. 「동물보호법」에 따라 (     ) 안에 들어갈 말은?

> 동물보호법에서 정하는 맹견이 아닌 개가 사람 또는 동물에게 위해를 가한 경우 그 개의 소유자에게 해당 동물에 대한 (          )을/를 받을 것을 명할 수 있다.

① 출입금지
② 기질평가
③ 보험의 가입
④ 상담·교육 등

10. 「동물보호법」에 따라 반려동물행동지도사의 업무에 해당하지 않는 것은?

① 반려동물에 대한 훈련
② 반려동물 소유자에 대한 교육
③ 유기동물 보호
④ 반려동물에 대한 행동분석 및 평가

11. 「동물보호법」에 따라 농림식품부장관이 반려동물행동지도사 자격시험을 무효로 하거나 합격 결정을 취소하는 경우가 아닌 것은?

① 거짓으로 시험에 응시한 사람
② 부정한 방법으로 시험에 응시한 사람
③ 시험에서 부정한 행위를 한 사람
④ 다른 사람에게 명의를 사용하게 하거나 자격증을 대여한 경우

12. 「동물보호법」에 따라 1차 위반을 한 경우 자격취소가 되는 것이 아닌 것은?

① 자격정지기간에 업무를 수행한 경우
② 「동물보호법」을 위반하여 벌금 이상의 형을 선고받고 그 형이 확정된 경우
③ 영리를 목적으로 반려동물의 소유자 등에게 불필요한 서비스를 선택하도록 알선·유인하거나 강요한 경우
④ 거짓이나 그 밖의 부정한 방법으로 자격을 취득한 경우

13. 「동물보호법」에 따라 시·도지사와 시장·군수·구청장은 동물을 구조하여 치료·보호에 필요한 조치를 해야 하는 동물에 해당하는 것은?

① 유실동물
② 유기동물
③ 피학대동물 중 소유자를 알 수 있는 동물
④ 소유자로부터 물리적·화학적 방법을 사용하여 상해를 입히는 학대를 받아 적정하게 치료·보호받을 수 없다고 판단되는 동물

14. 「동물보호법」에 따라 봉사동물에 해당하는 것이 아닌 것은?

① 관세청에서 각종 물질의 탐지 등을 위해 이용하는 동물
② 요양시설, 학교에서 사람들과의 교감을 통해 정서적 위안과 안정을 주는 치유견
③ 국방부에서 경계를 위해 이용하는 동물
④ 장애인 보조견

15. 동물보호법령에 따라 (        ) 안에 들어갈 말은?

> 시·도지사와 시장·군수·구청장은 동물보호법 제34조 제3항에 따라 소유자 등에게 학대받은 동물을 보호할 때에는 「수의사법」 제2조 제1호에 따른 수의사의 진단에 따라 기간을 정하여 보호조치 하되, (        ) 소유자 등으로부터 격리조치를 해야 한다

① 하루 동안
② 3일 이내
③ 4일 이상
④ 5일 이상

**16.** 「소비자기본법」 제4조에 따른 소비자의 기본적 권리가 아닌 것은?

① 용역으로 인한 생명·신체 또는 재산에 대한 위해로부터 보호받을 권리

② 용역을 선택함에 있어서 필요한 지식 및 정보를 제공받을 권리

③ 용역을 사용함에 있어서 가격 및 거래조건 등을 자유로이 선택할 권리

④ 합리적인 소비생활을 위하여 용역에 필요한 교육을 받도록 요구할 권리

**17.** 「소비자기본법」에 따라 국가 및 지방자치단체는 소비자의 기본적 권리가 실현되도록 하기 위하여 지어야 하는 책무가 아닌 것은?

① 필요한 행정조직의 정비 및 운영 개선

② 판매자의 건전하고 자주적인 조직활동의 지원·육성

③ 필요한 시책의 수립 및 실시

④ 관계 법령 및 조례의 제정 및 개정·폐지

**18.** 「소비자기본법」에 따라 ㉠, ㉡로 적절한 것은?

제45조(취약계층의 보호)

① ( ㉠ )는 어린이·노약자·장애인 및 결혼이민자 등 안전취약계층에 대하여 우선적으로 보호시책을 강구하여야 한다.

② ( ㉡ )는 어린이·노약자·장애인 및 결혼이민자 등 안전취약계층에 대하여 물품 등을 판매·광고 또는 제공하는 경우에는 그 취약계층에게 위해가 발생하지 아니하도록 제19조 제1항의 규정에 따른 조치와 더불어 필요한 예방조치를 취하여야 한다.

| | ㉠ | ㉡ |
|---|---|---|
| ① | 국가 및 지방자치단체 | 사업자 |
| ② | 공정거래위원회 | 제조자 |
| ③ | 사업자 | 중앙행정기관의 장 |
| ④ | 사업자 | 지방자치단체 |

**19.** 「가축전염병 예방법」에 따라 다음 ( ) 안에 들어갈 말로 적절한 것은?

다음 각 호의 어느 하나에 해당하는 신고대상 가축의 소유자 등, 신고대상 가축에 대하여 사육계약을 체결한 축산계열화사업자, 신고대상 가축을 진단하거나 검안(檢案)한 수의사, 신고대상 가축을 조사하거나 연구한 대학·연구소 등의 연구책임자 또는 신고대상 가축의 소유자 등의 농장을 방문한 동물약품 또는 사료 판매자는 신고대상 가축을 발견하였을 때에는 농림축산식품부령으로 정하는 바에 따라 지체 없이 국립가축방역기관장, 신고대상 가축의 소재지를 관할하는 시장·군수·구청장 또는 시·도 가축방역기관의 장에게 신고하여야 한다. 다만, 수의사 또는 제12조 제6항에 따른 가축병성감정 실시기관에 그 신고대상 가축의 진단이나 검안을 의뢰한 가축의 소유자 등과 그 의뢰사실을 알았거나 알 수 있었을 동물약품 또는 사료 판매자는 그러하지 아니하다.
1. ( )
2. 가축의 전염성 질병에 걸렸거나 걸렸다고 믿을 만한 역학조사·정밀검사·간이진단키트검사 결과나 임상 증상이 있는 가축

① 가축전염병이 발생한 근접 지역에 거주하는 가축
② 병명이 분명하지 아니한 질병으로 죽은 가축
③ 소독 및 방역시설이 설치되지 않은 곳에서 자란 가축
④ 소유자 등이 가축의 소유를 포기한 가축

**20.** 「수의사법」에 따라 수의사 외의 사람이 할 수 있는 진료의 범위는?

① 이웃의 양축 농가가 사육하는 동물에 대하여 비업무로 수행하는 다른 양축 농가의 유상 진료행위
② 축산 농가에서 하는 봉사활동 목적의 진료행위
③ 사고 등으로 부상당한 동물의 구조를 위하여 수행하는 응급처치행위
④ 동물보호센터에서 하는 봉사활동 목적의 진료행위

## 05 보호자 교육 및 상담(20문항)

**1.** 반려동물행동지도사의 상담 중에 화법으로 적절하지 않은 것은?

① 훈련은 모두에게 힘든 과정입니다. 왜 이걸 안하시는 건가요?
② 강아지 훈련이 쉽지 않다는 것을 이해합니다. 보호자님이 많이 힘드실 거예요.
③ 훈련할 때에 어떤 점이 가장 힘드신가요? 그리고 훈련에 어떤 방법을 주로 시도하셨어요?
④ 강아지가 '앉아'라는 명령을 완수한 경우에 칭찬을 하거나 간식을 주는 것은 긍정행동 강화하는 것입니다.

**2.** 반려견과의 올바른 관계형성을 위해 반려동물행동지도사가 삼가야 할 행동은?

① 화를 내지 않고 차분하고 부드러운 목소리를 사용하여 반려견에게 다가간다.
② 카밍시그널을 인지하고 비슷한 신호를 반려견에게 보내준다.
③ 산책을 준비하는 반려견이 불안해 보여도 흥분하여 그렇다고 보호자에게 알려준다.
④ 반려견의 비언어적으로 의사소통을 파악하여 신뢰를 쌓는다.

**3.** 보호자와 소통 시 반려동물행동지도사가 취해야 할 태도는?

① 보호자가 말을 할 때 시선을 맞추어 적극적으로 경청한다.
② 명확하게 진행해 나갈 교육 내용을 설명하면서 신뢰를 쌓는다.
③ 최대한 가까운 거리에서 설명을 하면서 보호자와 라포를 형성한다.
④ 교육 마무리 후에 이해되었는지를 질문하고 피드백을 확인한다.

4. 효과적으로 경청을 하기 위한 방법으로 적절하지 않은 것은?

① 상대방이 하는 말에 해결점을 찾아내어 주기 위해 그동 안의 행적을 평가한다.

② 듣고 싶은 말만 확인하고 주제에 필요하지 않은 대화는 말을 가로막아 멈춘다.

③ 자기 이야기 위주로 대화를 주도하면서 상대방이 이야 기 주제를 꺼낼 수 있도록 한다.

④ 상대방의 말에 공감하고 원하는 부분을 질문을 통해 찾 아내어 해답을 찾도록 돕는다.

5. 반려견 보호자와 상담을 할 때 올바른 질문방법은?

① "반려견이 언제부터 짖기 시작했습니까? 그때 어떻게 대처하셨나요? 시도하신 방법은요?"

② "산책을 할 때 강아지가 줄을 당기는 빈도가 어느 정도 인가요?"

③ "반려견이 이렇게 하면 더 좋아질 거라고 생각하시나요?"

④ "반려견이 어떤 질병에 걸렸다고 생각하세요?"

6. 반려견 보호자의 이해도를 높이기 위한 질문 구성법에 대한 설명으로 옳지 않은 것은?

① 보호자가 구체적으로 설명할 수 있게 개방형 질문을 한다.

② 감정과 경험을 존중하고 공감하면서 솔직한 이야기를 이끄는 질문을 한다.

③ 어려운 질문을 먼저하고 쉬운 질문을 나중에 한다.

④ 보호자가 방어적으로 느끼지 않도록 비난이나 평가를 제외한다.

7. 반려견 보호자와 상담 시 바람직한 피드백 전달 방법은?

① 올바르지 않은 행동을 간략하고 요약적으로 설명한다.

② 잘한 부분을 먼저 칭찬하고 부족한 점은 개선해야 하는 점으로 설명한다.

③ 열정을 일으키기 위해 부정적인 표현과 충격요법을 사 용한다.

④ 보호자 혼자서 실천 가능한 방법을 전달하지 않는다.

8. 다견가정에 반려견이 입양될 때 보호자에게 교육해야 할 사 항으로 적절하지 않은 것은?

① "기존에 키우고 있는 반려견의 사회성이 충분해야 합니다."

② "밥그릇과 물그릇, 개인공간은 각자 다른 공간에 준비해 주세요."

③ "첫 만남은 기존의 반려견이 익숙한 집 안에서 해주세요."

④ "애정은 최대한 공평하게 주어야 합니다."

9. 노령견 교육을 위해 보호자에게 교육해야 하는 것이 아닌 것은?

① 노령견은 안정이 가장 중요하니 훈련은 가급적 하지 않 는 것이 좋습니다.

② 집중력이 짧아지므로 훈련시간은 짧게 진행해주세요.

③ 신체적으로 움직임에 한계가 있기 때문에 훈련 강도는 적절하게 조정하는 것이 필요합니다.

④ 수의사와 소통하면서 건강을 확인하면서 훈련을 진행해 야 합니다.

**10.** 반려견의 자율급식을 위해 보호자에게 교육해야 하는 사항은?

① 식분증이 있는 반려견에게 적절하지 않다.
② 식탐이 많은 강아지의 절제력을 위해 필요하다.
③ 자율급식을 하더라도 간식은 충분히 급여한다.
④ 배변시간이 불규칙해질 수 있으니 배변상태를 확인한다.

**11.** 반려견 사회성을 키우기 위해 보호자에게 교육해야 하는 사항은?

① 성년기는 사회성을 키우기 가장 좋은 적기임을 강조한다.
② 초반에는 한 곳에 익숙해지기 전에 최대한 많은 환경과 자극에 노출시킨다.
③ 모든 문제행동의 원인은 사회화 부족으로 발생하는 것임을 설명한다.
④ 불안이나 두려움과 같은 감정을 낮추고 정서안정을 위한 필수과정임을 설명한다.

**12.** 반려견과 산책할 때 보호자에게 교육해야 하는 사항은?

① 반려견의 줄을 팽팽하게 잡고 산책을 하도록 유도한다.
② 다른 사람에게 달려드는 경우에 그 행동을 스스로 멈출 때까지 기다리라 지도한다.
③ 동물등록, 목줄 미착용 시 과태료 등의 관련 법령을 설명한다.
④ 더위, 추위, 비, 미세먼지 등의 환경에 관계없이 산책을 진행하도록 유도한다.

**13.** 반려동물에게 응급상황이 발생한 경우를 대비해, 보호자에게 교육해야 하는 사항은?

① 응급상황에 필요한 약물 직접투여 방법
② 기도에 이물질로 질식 발생 시 이물질을 제거하는 방법
③ 심폐소생술 방법
④ 중독물질을 흡입한 경우 구토를 하도록 하는 방법

**14.** 반려동물 보호자의 역할로 적절하지 않은 것은?

① 반려동물의 생명을 끝까지 책임져야 합니다.
② 정기적으로 건강검진을 하고 예방접종을 해야 합니다.
③ 반려동물로 인한 사고가 발생하면 민·형사상 책임이 있습니다.
④ 응급상황이 발생한 경우 직접 진단할 수 있는 지식이 필요합니다.

**15.** 반려동물 보호자 교육 계획수립에 대한 순서로 적절한 것은?

> ㉠ 보호자의 경험 수준과 반려동물의 특성에 맞게 교육을 설계한다.
> ㉡ 보호자가 적용이 가능한 교육내용을 구성하고 적절한 교육원리를 적용한다.
> ㉢ 보호자에게 구체적이고 실질적인 교육목표를 설정한다.
> ㉣ 교육일정을 계획하고 그에 맞도록 교육을 진행한다.
> ㉤ 교육의 효과를 평가하고 피드백을 받는다.

① ㉠→㉢→㉡→㉤→㉣
② ㉡→㉢→㉤→㉠→㉣
③ ㉢→㉠→㉡→㉣→㉤
④ ㉤→㉠→㉢→㉣→㉡

**16.** 반려견의 문제행동을 예방하기 위해 필요한 교육은?

① 충분한 운동

② 기본 명령어 반복 훈련

③ 스트레스 요인 노출 교육

④ 보호자의 반응 및 명령어 일관성 교육

**17.** 반려견의 문제행동의 예방교육을 위한 환경을 조성하는 방법은?

① 반려견 주변에 장난감을 배치한다.

② 반려견 단독으로 쉴 수 있는 쉼터를 마련한다.

③ 미끄러운 바닥에 미끄러지지 않도록 매트를 깔아준다.

④ 전선에 접근할 수 없도록 한다.

**18.** 반려동물행동지도사에게 교육을 받고 간 반려견이 다시 방문한 경우 필요한 사후관리가 아닌 것은?

① 사육공간 이동 권고

② 최근 행동 변화와 관련하여 보호자와 면담

③ 교육했던 내용을 복습

④ 집안환경 점검

**19.** 반려동물행동지도사가 반려견을 위탁서비스를 받는 경우 보호자에게 반드시 물어봐야 하는 것이 아닌 것은?

① 현재 반려견의 건강상태에 특이사항이 있나요?

② 반려견이 주로 다니는 동물병원은 어디인가요?

③ 다른 동물에 경계심이 강한 편인가요?

④ 주 사료는 무엇이고 급여시간은 어떻게 되나요?

**20.** 반려견 보호자 요구사항을 파악하기 위해 필요한 의사소통 능력으로 옳지 않은 것은?

① 반려견 보호자 상담 절차 설계 능력

② 반려견 문제행동 교정 과정 파악 능력

③ 의사소통 기술에 대한 파악 능력 및 활용능력

④ 반려견의 건강 상태에 대한 의료적 판단 능력

# 반려동물 행동지도사
## 봉투모의고사

**성 명**

(자 필 성 명)

**생 년 월 일**

| | | | | | | | |
|---|---|---|---|---|---|---|---|
| ⓪ | ⓪ | ⓪ | ⓪ | ⓪ | ⓪ | ⓪ | ⓪ |
| ① | ① | ① | ① | ① | ① | ① | ① |
| ② | ② | ② | ② | ② | ② | ② | ② |
| ③ | ③ | ③ | ③ | ③ | ③ | ③ | ③ |
| ④ | ④ | ④ | ④ | ④ | ④ | ④ | ④ |
| ⑤ | ⑤ | ⑤ | ⑤ | ⑤ | ⑤ | ⑤ | ⑤ |
| ⑥ | ⑥ | ⑥ | ⑥ | ⑥ | ⑥ | ⑥ | ⑥ |
| ⑦ | ⑦ | ⑦ | ⑦ | ⑦ | ⑦ | ⑦ | ⑦ |
| ⑧ | ⑧ | ⑧ | ⑧ | ⑧ | ⑧ | ⑧ | ⑧ |
| ⑨ | ⑨ | ⑨ | ⑨ | ⑨ | ⑨ | ⑨ | ⑨ |

| 01 반려동물 행동학 | | 02 반려동물 관리학 | | 03 반려동물 훈련학 | | 04 직업윤리 및 법률 | | 05 보호자 교육 및 상담 | |
|---|---|---|---|---|---|---|---|---|---|
| 1 | ① ② ③ ④ | 21 | ① ② ③ ④ | 41 | ① ② ③ ④ | 61 | ① ② ③ ④ | 81 | ① ② ③ ④ |
| 2 | ① ② ③ ④ | 22 | ① ② ③ ④ | 42 | ① ② ③ ④ | 62 | ① ② ③ ④ | 82 | ① ② ③ ④ |
| 3 | ① ② ③ ④ | 23 | ① ② ③ ④ | 43 | ① ② ③ ④ | 63 | ① ② ③ ④ | 83 | ① ② ③ ④ |
| 4 | ① ② ③ ④ | 24 | ① ② ③ ④ | 44 | ① ② ③ ④ | 64 | ① ② ③ ④ | 84 | ① ② ③ ④ |
| 5 | ① ② ③ ④ | 25 | ① ② ③ ④ | 45 | ① ② ③ ④ | 65 | ① ② ③ ④ | 85 | ① ② ③ ④ |
| 6 | ① ② ③ ④ | 26 | ① ② ③ ④ | 46 | ① ② ③ ④ | 66 | ① ② ③ ④ | 86 | ① ② ③ ④ |
| 7 | ① ② ③ ④ | 27 | ① ② ③ ④ | 47 | ① ② ③ ④ | 67 | ① ② ③ ④ | 87 | ① ② ③ ④ |
| 8 | ① ② ③ ④ | 28 | ① ② ③ ④ | 48 | ① ② ③ ④ | 68 | ① ② ③ ④ | 88 | ① ② ③ ④ |
| 9 | ① ② ③ ④ | 29 | ① ② ③ ④ | 49 | ① ② ③ ④ | 69 | ① ② ③ ④ | 89 | ① ② ③ ④ |
| 10 | ① ② ③ ④ | 30 | ① ② ③ ④ | 50 | ① ② ③ ④ | 70 | ① ② ③ ④ | 90 | ① ② ③ ④ |
| 11 | ① ② ③ ④ | 31 | ① ② ③ ④ | 51 | ① ② ③ ④ | 71 | ① ② ③ ④ | 91 | ① ② ③ ④ |
| 12 | ① ② ③ ④ | 32 | ① ② ③ ④ | 52 | ① ② ③ ④ | 72 | ① ② ③ ④ | 92 | ① ② ③ ④ |
| 13 | ① ② ③ ④ | 33 | ① ② ③ ④ | 53 | ① ② ③ ④ | 73 | ① ② ③ ④ | 93 | ① ② ③ ④ |
| 14 | ① ② ③ ④ | 34 | ① ② ③ ④ | 54 | ① ② ③ ④ | 74 | ① ② ③ ④ | 94 | ① ② ③ ④ |
| 15 | ① ② ③ ④ | 35 | ① ② ③ ④ | 55 | ① ② ③ ④ | 75 | ① ② ③ ④ | 95 | ① ② ③ ④ |
| 16 | ① ② ③ ④ | 36 | ① ② ③ ④ | 56 | ① ② ③ ④ | 76 | ① ② ③ ④ | 96 | ① ② ③ ④ |
| 17 | ① ② ③ ④ | 37 | ① ② ③ ④ | 57 | ① ② ③ ④ | 77 | ① ② ③ ④ | 97 | ① ② ③ ④ |
| 18 | ① ② ③ ④ | 38 | ① ② ③ ④ | 58 | ① ② ③ ④ | 78 | ① ② ③ ④ | 98 | ① ② ③ ④ |
| 19 | ① ② ③ ④ | 39 | ① ② ③ ④ | 59 | ① ② ③ ④ | 79 | ① ② ③ ④ | 99 | ① ② ③ ④ |
| 20 | ① ② ③ ④ | 40 | ① ② ③ ④ | 60 | ① ② ③ ④ | 80 | ① ② ③ ④ | 100 | ① ② ③ ④ |

# 반려동물
# 행동지도사 2급
# [2024. 08. 24.
# 기출복원 정답 및 해설]

| 2024.08.24. | 정답 및 해설 |
| --- | --- |

| 01 | 반려동물 행동학 | | | | | | | | |
| --- | --- | --- | --- | --- | --- | --- | --- | --- | --- |
| 1 | ① | 2 | ④ | 3 | ③ | 4 | ② | 5 | ② |
| 6 | ③ | 7 | ③ | 8 | ② | 9 | ④ | 10 | ① |
| 11 | ① | 12 | ④ | 13 | ④ | 14 | ③ | 15 | ① |
| 16 | ① | 17 | ④ | 18 | ② | 19 | ④ | 20 | ③ |

## 1  ①

① 니콜라스 틴베르헌 : 네덜란드의 생물학자로 동물의 고정 행동 패턴(FAP) 및 자극에 대한 반응에 대한 연구를 진행하였다.
② 콘라트 로렌츠 : 오스트리아의 동물학자로 동물의 본능적 행동을 관찰하고 설명하였다.
③ 카를 폰 프리슈 : 독일의 생물학자로 꿀벌의 춤 언어를 연구하였다.
④ 에릭 에릭슨 : 아동정신분석학자이자 발달심리학자에 해당한다.

## 2  ④

④ 섭식행동, 배설행동, 운동행동, 호신행동, 휴식행동 등은 정상행동에 해당한다. 전위행동과 진공행동, 상동행동은 문제행동에 해당한다.

## 3  ③

③ 동물행동의 동기부여는 기본적으로 내부적 생리적 욕구나 본능적 욕구에서 비롯된다. 학습은 경험에 의한 행동 변화이며 외부 환경 자극에 대한 반응으로 동기 그 자체를 의미하지 않는다.
① 종족을 부존하기 위한 본능적인 동기부여에 해당한다.
② 사회적 동기부여에 해당한다.
④ 생리적 동기부여 요소이다.

## 4  ②

② 5그룹은 스피츠 및 원시형견으로 진돗개, 사무예드, 시베리안 허스키 등이 있다.
① 3그룹으로 활동적이고 용맹한 견종이다. 요크셔 테리어, 불 테리어 등이 있다.
③ 7그룹으로 사냥감의 위치를 알리는 견종으로 잉글리시 포인터, 아일리시 세터 등이 있다.
④ 1그룹으로 가축을 돌보는 역할을 주로 한 견종으로 보더콜리, 웰시 코기 등이 있다.

## 5  ②

② 벨지안 마리노이즈는 다양한 기능을 할 수 있는 견종으로 경비견으로 주요하다. 경비견으로는 저먼 셰퍼드, 코리아 진도견, 로트바일러 등이 있다.

## 6  ③

③ 포식성 공격 : 포식자가 사냥감에 보이는 공격성을 보이는 공격행동에 해당한다.
① 방어성 공격 : 고통으로부터 자신을 방어하기 위해 나타나는 공격행동이다.
② 공포성 공격 : 불안과 공포의 상황에서 벗어나기 위해 나타나는 공격행동이다.
④ 영역성 공격 : 낯선 대상이 자신의 영역에 들어오면 경계하기 위해 나타나는 공격행동이다.

**7**  ③

㉣ 소유욕에 의한 공격성에 해당한다.

㉠㉡ 반려견의 대표적인 친화행동은 처음 만나서 서로의 항문, 생식기 냄새를 통해 상대방의 정보를 파악한다. 그루밍을 하면서 서로의 털을 핥아주고 함께 뛰어다니면서 즐겁게 노는 행동은 대표적인 친화행동이다. 또한 몸을 비비거나 몸에 기대는 행동 또한 친밀감과 애정을 의미한다.

㉢ 싸움이나 긴장 상황에는 눈을 피하거나 하품을 하면서 상대방에게 적대감이 없음을 표현하는 친화행동에 해당한다.

**8**  ②

① 발정기에 해당한다.

③ 발정 전기에 해당한다.

④ 발정 휴지기에 해당한다.

※ 암캐의 발정주기

암캐의 발정주기는 발정 전기, 발정기, 발정 휴지기, 무발정기에 해당한다.

**9**  ④

④ 수유를 하면서 칼슘이 많이 소모되므로 모견에게 분만 2주 전부터 복용해야 한다.

**10**  ①

② 청각은 생후 3주경에 열리게 된다.

③ 색을 구분하는 능력은 인간보다 떨어진다.

④ 미각은 가장 마지막에 발달하는 감각 기관이다.

**11**  ①

① 청각 발달은 이행기에 나타난다.

**12**  ④

① 습관화는 반응에 반복적으로 노출시켜 자극에 둔감해지게 하는 것이다.

② 행동을 학습하기 위해서 반복적이고 일관된 경험이 중요하다.

③ 청소년기 이전의 반려견이 빠르게 학습한다.

**13**  ④

④ 다양한 소리에 익숙해져서 자극 둔감화를 하게 한다.

① 사회화 공포시기에는 쉽게 받아들이던 자극도 경계할 수 있으므로 신중하게 접근해야 한다.

② 다양한 환경과 사람, 동물을 만날 수 있도록 산책을 자주 하는 것이 중요하다.

③ 사회성이 부족하다면 시끄러운 장소보다 익숙하고 조용한 곳에서 아는 친구와 먼저 접촉을 한다.

**14**  ③

㉠㉢ 공격을 하기 전 상태에 해당한다.

**15**  ①

① 무리를 모으는 신호로 외로움의 표현으로 울부짖는 소리이다.

② 반갑거나 요구를 할 때 등 다양한 의미로 나타난다.

③ 경고나 공격의 의도를 가진 소리이다.

④ 놀이할 때 주로 나타나는 짖음이다.

## 16 ①

② 심심할 때 주로 나타나는 행동이다.
③ 꼬리를 다리 사이에 감추는 것은 공포나 두려울 경우에 나타나는 행동이다.
④ 냄새를 넓게 퍼지게 하여 영역을 표시하기 위한 행동이다.

## 17 ④

④ 갑자기 바닥 냄새를 맡으면서 갑작스러운 상황을 모면하려고 하는 것이다.
① 주시하는 것은 카밍시그널에 해당하지 않는다. 시선을 피하거나 고개를 돌리는 행동이 위협적이지 않다는 표현이다.
③ 불안하거나 긴장, 스트레스 상황에 주로 나타나는 카밍시그널이다.

## 18 ②

①③ 사회적 관계에 문제 행동에 해당한다.
④ 배설 문제에 대한 행동 표현이다.

## 19 ④

① 심박수 · 혈압 · 체온이 상승한다.
②③ 움직임이 줄어든다.

## 20 ③

① 자신의 이름에 반응하도록 일관적인 목소리와 이름을 불러야 좋다.
② 반려견의 집중력이 짧으므로 짧게 여러 번 하는 것이 좋다.
④ 조용한 환경에서 시작해서 점진적으로 공원이나 거리에서 훈련을 반복하는 것이 좋다.

| 02 | 반려동물 관리학 | | | | | | | | |
|----|---|----|---|----|---|----|---|----|---|
| 1 | ① | 2 | ② | 3 | ② | 4 | ④ | 5 | ④ |
| 6 | ② | 7 | ③ | 8 | ③ | 9 | ② | 10 | ① |
| 11 | ③ | 12 | ④ | 13 | ① | 14 | ② | 15 | ③ |
| 16 | ① | 17 | ③ | 18 | ② | 19 | ① | 20 | ④ |

## 1 ①

① 하퇴부에 위치하고 있는 뼈이다.
②③ 두개골에 구성되는 뼈에 해당한다.
④ 코뼈에 해당한다.

## 2 ②

① 갈비뼈는 13쌍으로 구성된다.
③ 천추는 3개가 있다.
④ 경추는 7개 있다.

## 3 ②

② 슬관절은 뒷다리에 있는 관절이다. 뒷다리에는 고관절, 슬관절, 부관절이 있다.

## 4 ④

④ 개는 유치를 28개 가지고 태어나면서 이갈이를 통해서 영구치가 된다. 이갈이를 마치고 나면 위턱과 아래턱을 합쳐 총 42개의 영구치를 가지게 된다.

## 5 ④

④ 알칼리성 침으로 충치는 거의 발생하지 않지만 치주질환 위험은 높다.
① 탈락치는 28개, 영구치는 42개로 다르다.
② 입 앞쪽에 있는 것은 문치에 해당한다. 전구치는 송곳니 뒤에 위치하는 것으로 음식을 잘게 자르거나 씹는 데 사용한다.
③ 찢거나 물어뜯는 것에 특화되어있다.

**6** ②

② 뇌하수체 후엽에서 나오는 호르몬이다.

**7** ③

③ 난소에서 난자를 생산하고 성호르몬을 분비한다.

**8** ③

① 표피는 3 ~ 5겹가량으로 사람에 비해 얇다.
② 약알칼리성에 해당한다.
④ 피지선이 발달하지 않았다.

**9** ②

① 원근감을 인식하는 능력이 발달하지 않아 거리 감지를 잘
하지 못한다.
③ 빠른 움직임(70 ~ 80Hz)을 포착하는 동체 시력이 발달되었다.
④ 적록 색약으로 파랑과 노란색은 구분할 수 있다.

**10** ①

① 무기력하고 식욕이 감퇴하는 증상이 나타난다. 또한 고열,
누런 콧물, 기침, 호흡곤란 등의 증상이 나타난다.

**11** ③

③ 6개월 이내 초기에는 증상은 나타나지 않는다.
① 혈액 내에 기생충 질환에 해당한다.
② 모기를 매개로 감염되는 기생충에 해당한다.
④ 성충이 대정맥을 막아서 쇼크가 발생하는 카발증후군은 4기
위급단계에 나타나는 것이다.

**12** ④

④ 월 2회가량 짜주는 것이 냄새를 개선하고 질병을 예방하는
것에 도움이 된다.

**13** ①

① 권모는 털이 곱슬거리기 때문에 피부 질환에 취약한 특징
이 있다.

**14** ②

① 단일모 견종은 속털이 없다.
③ 단모 견종은 특별히 커트를 자주 하지 않아도 된다.
④ 장모 견종은 매일 슬리커 브러시를 사용하여 빗질을 해야
엉킴을 방지할 수 있다.

**15** ③

③ 이중모를 가지고 있는 골든리트리버는 피부를 보호하기 위
해서 몸 전체를 짧게 클리핑하면 안된다.
① 비글은 단모종이므로 몸 전체를 클리핑하지 않아도 된다.
② 곱슬거리는 털을 가지고 있는 푸들은 다양한 스타일로 클
리핑을 할 수 있다.
④ 장모종인 시츄의 위생부위는 짧게 클리핑하여 위생관리를
해야 한다.

**16** ①

① 하이셋 테일 : 꼬리 시작점이 높고 등 위로 올라가 있는 것
으로 비글, 치와와, 테리어 종이 해당한다.
② 오터 테일 : 수달꼬리처럼 생긴 것으로 래브라도 리트리버가
있다.
③ 세이버 테일 : 꼬리가 아래로 향하면서 위로 살짝 휘어져 있
는 것으로 저먼 셰퍼드가 해당한다.
④ 스크루 테일 : 짧으며 나선형으로 말려있는 형태로 불도그,
프렌치 불도그가 해당한다.

**17** ③

③ 잦은 목욕은 피부 장벽이 손상되어 피부 질환이 발생할 수 있다.

**18** ②

① BCS 5이 지방이 두껍게 몸을 덮고 있는 상태이다.
③ BCS 4는 과체중으로 지방층으로 갈비뼈가 보이지 않는 상태이다.
④ BCS 1이 피하지방이 없는 야윈 상태이다.

**19** ①

① 정상 체온은 38 ~ 39℃이다.

**20** ④

④ 텐트 테스트로 2초 이후에 피부가 원래대로 복원되는 경우에는 탈수 가능성이 높은 상태이다.
① 정상상태에 해당한다.
② 코와 입이 마르는 증상이 나타난다.
③ 소변횟수와 소변량이 감소한다.

| 03 | 반려동물 훈련학 | | | | | | | | |
|----|----|----|----|----|----|----|----|----|----|
| 1 | ② | 2 | ③ | 3 | ① | 4 | ④ | 5 | ③ |
| 6 | ③ | 7 | ① | 8 | ② | 9 | ② | 10 | ② |
| 11 | ④ | 12 | ① | 13 | ④ | 14 | ① | 15 | ① |
| 16 | ③ | 17 | ① | 18 | ③ | 19 | ④ | 20 | ④ |

**1** ②

① 집중력이 짧으므로 짧은 시간 여러 번 훈련을 한다.
③ 놀이를 마치면 장난감은 눈에 보이지 않는 곳으로 바로 치운다.
④ 과도하게 흥분하거나 지칠 수 있으므로 적절하게 조절하는 것이 좋다.

**2** ③

③ 연속해서 누르면 일관된 신호를 주지 못할 수 있으므로 일관된 소리를 제공한다.

**3** ①

② 강아지가 산책할 때 사용하는 것으로 대형견에게는 권장하지 않는다.
③ 목줄에 사람과 반려견 사이를 연결하는 줄을 의미한다.
④ 개의 짖음이나 공격성이 강한 경우 반려견 주둥이 부위에 착용한다.

**4** ④

④ 행동 풍부화를 위한 요소에는 환경, 사회그룹, 감각, 먹이, 인지가 있다.

**5** ③

③ 동일한 일상을 반복하면 반려견이 지루함을 느끼면서 자극에 대한 본능이 억제된다.
① 집중하면서 핥아 먹으면서 즐거움을 느낄 수 있다.
② 숨겨진 간식을 찾으면서 자연스럽게 후각과 탐색활동을 한다.
④ 가족과 상호작용을 하면서 놀이를 참여한다.

**6** ③

① 공간이 좁거나 단조로운 경우에는 자극이 없기에 무기력함을 느낄 수 있다.
② 반려견이 스포츠대회에 참여하여 도전하는 것은 인지 풍부화를 위한 것이다.
④ 먹이 요인에 해당하는 풍부화로 다양한 장소에서 먹이를 급여하면 그 장소를 안전한 곳으로 수용할 수 있다.

**7** ①

① 낯선 사람에 대한 경계를 줄이고 사회성을 높일 수 있다.
②③ 감각 요소 풍부화에 해당한다.
④ 먹이를 사용한 풍부화에 해당한다.

**8** ②

①④ 행동풍부화는 문제행동을 줄이는 데에 도움을 주기는 하지만 직접적으로 훈련하거나 교정하는 것이 아니다.
③ 신체적 질환을 완화시키는 것이 아니다. 정상적이고 건강한 행동을 유도하는 것이다.

**9** ②

② 리드줄을 당기는 경우에는 원하는 행동을 하면 자극을 제거해주는 부적강화 훈련 방법이 좋다. 산책을 즉시 중단하는 경우 원하는 행동을 이해하지 못하여 리드줄을 당기는 것이 반복될 수 있다.

**10** ②

② 명령어는 동일하게 사용하고 일관성 있게 보상 방식을 사용하여야 혼동하지 않는다.

**11** ④

④ 반려견이 화장실을 직접 선택할 수 있게 하고 반려견의 공간을 만들어서 화장실을 마련해주는 것이 적절하다.

**12** ①

② 기호성이 높은 간식을 제공하여야 훈련에 집중도가 높아진다.
③ 일관성 있게 제공하여야 훈련의 효과가 크다.
④ 딱딱한 음식의 경우는 훈련의 집중을 방해할 수 있다.

**13** ④

① 행동 원인은 기록을 통해서 언제, 어떤 상황에서 주로 발생하는지를 작성하여 정리해서 확실한 원인을 찾아야 한다. 지루함, 스트레스, 탐색 등의 원인으로 나타나기도 한다.
② 과거에 했던 행동은 교정의 효과가 없으므로 행동 즉시 교정해야 한다.
③ 씹을 수 있는 물건은 모두 치우는 것이 좋다.

**14** ①

② 산책을 제한하는 경우 에너지 발산이 막히므로 더 강화될 수 있다.

③ 짖고 있을 때 주의를 돌리면 짖음에 대한 보상으로 착각할 수 있다.

④ 짖음에 반응을 하는 경우는 짖는 행동을 강화하게 만든다. 짖을 때는 침착하게 대응해야 한다.

**15** ①

① 낯선 사람에게 공격적으로 행동을 하는 경우 낯선 사람은 차분하고 침착하게 물러서지 않는 태도를 보여준다.

**16** ③

③ 큰 소리를 내는 경우 스트레스가 증가하면서 문제행동이 악화될 수 있다.

① 배변을 바로 치워서 깨끗한 환경을 제공하여야 한다.

② 배변 후 즉시 간식을 제공하고 반려견이 간식을 먹고 있을 때 대변을 치워서 문제행동을 하지 않도록 한다.

④ 영양 결핍이 식분증의 원인이 될 수 있으므로 확인이 필요하다.

**17** ①

㉠ 앉아있는 자세를 먼저 취한다.

㉣ 억지로 엎드리게 하는 것은 훈련의 효과를 낮추는 방법이다.

**18** ③

③ 짖을 때 상황과 맥락을 파악한다. 하루에 몇 번 얼마나 짖는지를 확인한다. 짖음이 높은 톤인지 낮은 톤인지를 확인하면서 감정 상태를 파악할 수 있다. 또한 반려견의 신체언어도 주요하게 확인하고, 어느 시간대에 자주 짖음이 나타나는지 일상 패턴을 확인하는 것이 필요하다. 그 이외에 외부 자극, 짖음 후 반응, 주변인의 반응 등을 관찰해야 한다.

**19** ④

④ 보호자가 집에 있는 경우, 보호자의 반응에 따라 행동이 달리지는가를 확인한다. 외부인이 있을 때 행동변화는 구체적인 관찰 포인트에 해당하지 않는다.

**20** ④

④ 과잉행동에는 흥분한 상태로 귀가 앞으로 쫑긋 세워져 있다.

| 04 | 직업윤리 및 법률 | | | | | | | | |
|---|---|---|---|---|---|---|---|---|---|
| 1 | ② | 2 | ① | 3 | ④ | 4 | ① | 5 | ③ |
| 6 | ③ | 7 | ③ | 8 | ② | 9 | ② | 10 | ③ |
| 11 | ④ | 12 | ③ | 13 | ④ | 14 | ② | 15 | ④ |
| 16 | ④ | 17 | ② | 18 | ① | 19 | ② | 20 | ③ |

## 1   ②

② 「동물보호법 시행규칙」 [별표 1]에 따라 개는 분기마다 1회 이상 구충(驅蟲)을 하되, 구충제의 효능 지속기간이 있는 경우에는 구충제의 효능 지속기간이 끝나기 전에 주기적으로 구충을 해야 한다.
①③④ 「동물보호법」 제9조(적정한 사육ㆍ관리)

## 2   ①

① 「동물보호법 시행규칙」 제6조(동물학대 등의 금지) 제1항에 따라 사람의 생명ㆍ신체에 대한 직접적인 위협이나 재산상의 피해 방지 등 농림축산식품부령으로 정하는 정당한 사유에 해당한다.
②③④ 「동물보호법」 제10조(동물학대 등의 금지) 제1항

## 3   ④

④ 「동물보호법 시행규칙」 제6조(동물학대 등의 금지) 제4항에 따라 「전통 소싸움경기에 관한 법률」의 경우는 제외한다.
①②③ 「동물보호법」 제10조(동물학대 등의 금지) 제2항

## 4   ①

① 「동물보호법」 제11조(동물의 운송) 제1항 제3호에 따라 병든 동물, 어린 동물 또는 임신 중이거나 포유 중인 새끼가 딸린 동물을 운송할 때에는 함께 운송 중인 다른 동물에 의하여 상해를 입지 아니하도록 칸막이의 설치 등 필요한 조치를 해야 한다.
②③④ 「동물보호법」 제11조(동물의 운송) 제1항

## 5   ③

③ 「동물보호법」 제14조(동물의 수술)에 따라 거세, 뿔 없애기, 꼬리 자르기 등 동물에 대한 외과적 수술을 하는 사람은 <u>수의학적 방법</u>에 따라야 한다.

## 6   ③

③ 「동물보호법 시행령」 제12조의2(맹견수입신고의 절차 및 방법) 제2항에 따라 품종, 목적, 사육예정 장소 검역증명서 발급일, 동물등록번호(법 제15조에 따라 등록한 경우만 해당한다)을 신고서에 기재하여 제출하여야 한다.

## 7   ③

③ 「동물보호법」 제19조(맹견사육허가의 결격사유) 제4호에 따라 벌금 이상의 실형을 선고받고 그 집행이 종료(집행이 종료된 것으로 보는 경우를 포함한다)되거나 집행이 면제된 날부터 3년이 지나지 아니한 사람이 맹견사육허가를 받을 수 없다.
①②④ 「동물보호법」 제19조(맹견사육허가의 결격사유)

**8** ②

맹견의 출입금지 등〈동물보호법 제22조〉… 맹견의 소유자 등은 다음 각 호의 어느 하나에 해당하는 장소에 맹견이 출입하지 아니하도록 하여야 한다.
1. 「영유아보육법」 제2조(정의) 제3호에 따른 어린이집
2. 「유아교육법」 제2조(정의) 제2호에 따른 유치원
3. 「초·중등교육법」 제2조(정의) 제1호 및 제4호에 따른 초등학교 및 특수학교
4. 「노인복지법」 제31조(노인복지시설의 종류)에 따른 노인복지시설
5. 「장애인복지법」 제58조(장애인복지시설)에 따른 장애인복지시설
6. 「도시공원 및 녹지 등에 관한 법률」 제15조(도시공원의 세분 및 규모) 제1항 제2호 나목에 따른 어린이공원
7. 「어린이놀이시설 안전관리법」 제2조(정의) 제2호에 따른 어린이놀이시설
8. 그 밖에 불특정 다수인이 이용하는 장소로서 시·도의 조례로 정하는 장소

**9** ②

② 「동물보호법」 제24조(맹견 아닌 개의 기질평가) 제1항에 따라 맹견이 아닌 개가 사람 또는 동물에게 위해를 가한 경우 그 개의 소유자에게 해당 동물에 대한 <u>기질평가</u>를 받을 것을 명할 수 있다.

**10** ③

③ 반려동물에 대한 행동분석 및 평가, 반려동물에 대한 훈련, 반려동물 소유자등에 대한 교육, 그 밖에 반려동물행동지도에 필요한 사항으로 농림축산식품부령으로 정하는 업무〈동물보호법 제30조(반려동물행동지도사의 업무)〉

**11** ④

④ 다른 사람에게 명의를 사용하게 하거나 자격증을 대여한 경우에 해당하는 경우에는 그 자격을 취소하여야 한다〈동물보호법 제32조(반려동물행동지도사의 결격사유 및 자격취소 등) 제2항 제3호〉.

**12** ③

③ 동물보호법 시행규칙 [별표 3의2] 반려동물행동지도사의 자격취소 및 자격정지 처분의 세부에 개별기준에 따라 '영리를 목적으로 반려동물의 소유자등에게 불필요한 서비스를 선택하도록 알선·유인하거나 강요한 경우'는 1차 위반을 한 경우 자격정지 6개월이 되고, 2차 위반에서 자격정지 12개월, 3차 위반에서 자격취소가 된다.

**13** ④

동물의 구조·보호〈동물보호법 제34조 제1항〉… 시·도지사와 시장·군수·구청장은 다음 각 호의 어느 하나에 해당하는 동물을 발견한 때에는 그 동물을 구조하여 제9조(적절한 사육·관리)에 따라 치료·보호에 필요한 조치를 하여야 하며, 제2호 및 제3호에 해당하는 동물은 학대 재발 방지를 위하여 학대행위자로부터 격리하여야 한다. 다만, 제1호에 해당하는 동물 중 농림축산식품부령으로 정하는 동물은 구조·보호조치의 대상에서 제외한다.
1. 유실·유기동물
2. 피학대동물 중 소유자를 알 수 없는 동물
3. 소유자 등으로부터 제10조(동물학대 등의 금지) 제2항 및 같은 조 제4항 제2호에 따른 학대를 받아 적정하게 치료·보호받을 수 없다고 판단되는 동물

## 14 ②

② 「동물보호법」 제2조(정의)에 따라 "봉사동물"이란 「장애인복지법」 제40조(장애인 보조견의 훈련 · 보급 지원 등)에 따른 장애인 보조견 등 사람이나 국가를 위하여 봉사하고 있거나 봉사한 동물로서 대통령령으로 정하는 동물을 말한다.

※ 대통령령으로 정하는 봉사동물의 범위〈동물보호법 시행령 제3조〉

1. 「장애인복지법」 제40조에 따른 장애인 보조견
2. 국방부(그 소속 기관을 포함한다)에서 수색 · 경계 · 추적 · 탐지 등을 위해 이용하는 동물
3. 농림축산식품부(그 소속 기관을 포함한다) 및 관세청(그 소속 기관을 포함한다) 등에서 각종 물질의 탐지 등을 위해 이용하는 동물
4. 다음 각 목의 기관(그 소속 기관을 포함한다)에서 수색 · 탐지 등을 위해 이용하는 동물
   가. 국토교통부
   나. 경찰청
   다. 해양경찰청
5. 소방청(그 소속 기관을 포함한다)에서 효율적인 구조활동을 위해 이용하는 119구조견

## 15 ④

④ 시 · 도지사와 시장 · 군수 · 구청장은 법 제34조제3항에 따라 소유자 등에게 학대받은 동물을 보호할 때에는 「수의사법」 제2조 제1호에 따른 수의사의 진단에 따라 기간을 정하여 보호조치 하되, <u>5일 이상</u> 소유자 등으로부터 격리조치를 해야 한다〈동물보호법 시행규칙 제15조(보호조치 기간)〉.

## 16 ④

소비자의 기본적 권리〈소비자기본법 제4조〉 … 소비자는 다음 각 호의 기본적 권리를 가진다.

1. 물품 또는 용역(이하 "물품 등"이라 한다)으로 인한 생명 · 신체 또는 재산에 대한 위해로부터 보호받을 권리
2. 물품 등을 선택함에 있어서 필요한 지식 및 정보를 제공받을 권리
3. 물품 등을 사용함에 있어서 거래상대방 · 구입장소 · 가격 및 거래조건 등을 자유로이 선택할 권리
4. 소비생활에 영향을 주는 국가 및 지방자치단체의 정책과 사업자의 사업활동 등에 대하여 의견을 반영시킬 권리
5. 물품 등의 사용으로 인하여 입은 피해에 대하여 신속 · 공정한 절차에 따라 적절한 보상을 받을 권리
6. 합리적인 소비생활을 위하여 필요한 교육을 받을 권리
7. 소비자 스스로의 권익을 증진하기 위하여 단체를 조직하고 이를 통하여 활동할 수 있는 권리
8. 안전하고 쾌적한 소비생활 환경에서 소비할 권리

## 17 ②

국가 및 지방자치단체의 책무〈소비자 기본법 제6조〉 … 국가 및 지방자치단체는 제4조의 규정에 따른 소비자의 기본적 권리가 실현되도록 하기 위하여 다음 각 호의 책무를 진다.

1. 관계 법령 및 조례의 제정 및 개정 · 폐지
2. 필요한 행정조직의 정비 및 운영 개선
3. 필요한 시책의 수립 및 실시
4. 소비자의 건전하고 자주적인 조직활동의 지원 · 육성

## 18 ①

취약계층의 보호〈소비자기본법 제45조〉

① <u>국가 및 지방자치단체</u>는 어린이 · 노약자 · 장애인 및 결혼이민자 등 안전취약계층에 대하여 우선적으로 보호시책을 강구하여야 한다.
② <u>사업자</u>는 어린이 · 노약자 · 장애인 및 결혼이민자 등 안전취약계층에 대하여 물품 등을 판매 · 광고 또는 제공하는 경우에는 그 취약계층에게 위해가 발생하지 아니하도록 제19조 제1항의 규정에 따른 조치와 더불어 필요한 예방조치를 취하여야 한다.

## 19 ②

죽거나 병든 가축의 신고〈가축전염병 예방법 제11조〉… 다음 각 호의 어느 하나에 해당하는 가축의 소유자 등, 신고대상 가축에 대하여 사육계약을 체결한 축산계열화사업자, 신고대상 가축을 진단하거나 검안(檢案)한 수의사, 신고대상 가축을 조사하거나 연구한 대학·연구소 등의 연구책임자 또는 신고대상 가축의 소유자 등의 농장을 방문한 동물약품 또는 사료 판매자는 신고대상 가축을 발견하였을 때에는 농림축산식품부령으로 정하는 바에 따라 지체 없이 국립가축방역기관장, 신고대상 가축의 소재지를 관할하는 시장·군수·구청장 또는 시·도 가축방역기관의 장에게 신고하여야 한다. 다만, 수의사 또는 제12조 제6항에 따른 가축병성감정 실시기관에 그 신고대상 가축의 진단이나 검안을 의뢰한 가축의 소유자등과 그 의뢰사실을 알았거나 알 수 있었을 동물약품 또는 사료 판매자는 그러하지 아니하다.

1. 병명이 분명하지 아니한 질병으로 죽은 가축
2. 가축의 전염성 질병에 걸렸거나 걸렸다고 믿을 만한 역학조사·정밀검사·간이진단키트검사 결과나 임상증상이 있는 가축

## 20 ③

수의사 외의 사람이 할 수 있는 진료의 범위〈수의사법 제8조〉

1. 광역시장·특별자치시장·도지사·특별자치도지사가 고시하는 도서·벽지(僻地)에서 이웃의 양축 농가가 사육하는 동물에 대하여 비업무로 수행하는 다른 양축 농가의 무상 진료행위
2. 사고 등으로 부상당한 동물의 구조를 위하여 수행하는 응급처치행위

| 05 | 보호자 교육 및 상담 | | | | | | | | |
|---|---|---|---|---|---|---|---|---|---|
| 1 | ① | 2 | ③ | 3 | ③ | 4 | ④ | 5 | ② |
| 6 | ③ | 7 | ② | 8 | ③ | 9 | ① | 10 | ④ |
| 11 | ④ | 12 | ③ | 13 | ③ | 14 | ④ | 15 | ③ |
| 16 | ③ | 17 | ① | 18 | ① | 19 | ② | 20 | ④ |

## 1 ①

① 조급한 말투나 실망감을 드러내는 태도는 보호자의 학습의욕을 저하시킨다.
② 보호자 입장을 공감해주는 것이다.
③ 보호자에게 훈련방법을 지도하고 보호자 의견에 대해서 취득하는 것이다.
④ 과학적인 근거와 함께 원칙을 설명하는 것이다.

## 2 ③

③ 반려견의 비언어적인 신호를 상황만 보고서 단정하는 것이다. 반려견의 시그널을 면밀히 파악하여 감정을 고려해야 한다.

## 3 ③

③ 지나치게 가까운 거리는 불쾌감을 줄 수 있다.

## 4 ④

① 상대방이 하는 말을 평가하는 것은 경청의 자세가 아니다.
② 말을 가로막거나 끊지 않는 것이 중요하다.
③ 상대방의 이야기 경청이 아닌 대화를 독점하는 것이다.

## 5 ②

② 상담 목적에 맞게 구체적으로 답변을 얻을 수 있다.
① 이중/복합질문으로 상담의 흐름이 저해될 수 있다.
③ 유도질문에 해당한다. 보호자의 생각을 말하지 못하고 상담자가 원하는 답변을 맞춰 하게 된다.
④ 보호자는 의료적 진단이나 치료에 대한 전문적인 질문에 답변을 할 수 있는 수의사가 아니므로 질병을 추측하게 만드는 질문은 피한다.

**6 ③**

③ 쉬운 질문을 먼저하고 어려운 질문을 하는 질문 순서를 배열한다. 보호자가 점차 상담에 집중할 수 있다.

**7 ②**

① 행동이나 결과에 대해서 구체적이고 명확하게 설명한다.
③ 열정을 위해 비난이나 부정적인 표현을 사용하는 경우 의욕을 낮출 수 있다.
④ 혼자서도 실천이 가능한 방법을 제시하는 것도 피드백의 일환이다.

**8 ③**

③ 집 안에서 바로 만나는 경우에는 영역에 대한 다툼에 발생할 수 있다.

**9 ①**

① 노령견에게도 훈련이 필요하다. 새로운 행동을 통해서 문제행동 예방으로 더욱 행복한 시기를 보낼 수 있다.

**10 ④**

① 식분증이 있는 반려견은 자율급식이 도움이 될 수 있다.
② 식탐이 많은 경우는 과식이나 비만이 올 확률이 높다.
③ 자율급식 중에 간식을 보충하면 비만이 생길 수 있다.

**11 ④**

① 생후 3 ~ 16주가 가장 중요하다.
② 익숙해진 환경이 생기면 차차 점진적으로 노출시킨다.
③ 모든 문제행동의 원인이 사회화 부족에 해당하지 않는다.

**12 ③**

① 리드줄을 사용할 때 반려견의 줄을 팽팽하게 잡지 않고 자연스럽게 반려견이 걷도록 한다.
② 즉시 대처하는 방법을 지도한다.
④ 날씨 및 환경에 따라서 적절하게 조절하는 것이 필요하다.

**13 ③**

③ 전문적인 진료는 보호자가 진행하도록 교육하지 않는다. 상황을 파악하고 신속하게 동물병원으로 이송하는 것을 안내한다.

**14 ④**

④ 응급상황 발생 시 신속하게 동물병원에 이송하는 것이 보호자 역할이다. 직접 진단하는 것은 수의사의 역할이다.

**15 ③**

ⓒ 교육을 하는 목표를 설정한다. 강아지의 사회화 부족 개선, 문제행동 교정 등과 같은 명확한 목표를 설정한다.
ⓐ 교육의 목표에 맞도록 교육하는 대상의 경험 수준, 특성, 연령, 생활환경 등을 구체적으로 파악하고 교육을 설계한다.
ⓑ 설계한 교육에 맞게 필요한 교육 내용을 정리하고 그에 걸맞는 교육원리를 적용한다.
ⓓ 교육일정을 정한 후에 그 일정에 맞게 교육을 진행한다.
ⓔ 교육을 마무리 하고 교육의 효과를 평가하고 피드백을 받는다.

**16 ③**

③ 예방을 위해서는 스트레스 요인에 최소화로 노출하는 것이 도움된다.

**17 ①**

① 자극과 스트레스 해소를 위해 다양한 놀이 도구가 필요하지만 장난감을 반려견 주변에 배치하는 것은 적절한 방법이 아니다.

## 18 ①

① 공간을 이동하는 것은 적절한 사후관리 방법에 해당하지 않는다.

②③④ 최근에 변화한 행동에 대해 확인하고 문제점을 파악한다. 보호자와 교육했던 내용을 피드백 하고 가족 구성원별로 일관성 있게 행동했는지를 점검한다. 재발한 문제행동을 원인을 분석하여 맞춤형으로 다시 교육을 진행한다. 더불어 집안 환경이 문제행동을 유발하지 않는지 점검하고 환경 개선을 권고하거나 산책, 놀이, 식사 등이 적절한지 확인한다.

## 19 ②

② 건강 정보에 대한 파악은 필요하지만 주로 다니는 동물병원은 반드시 물어봐야 하는 사항은 아니다.

※ 반려동물 위탁서비스 시 받아야 하는 정보… 기본 정보(이름, 나이, 중성화 여부, 성격 등), 건강 및 의료정보, 식사 및 간식, 생활습관 및 행동, 일상관리 방법 등에 관한 것이다.

## 20 ④

④ 반려견 보호자 요구사항 파악을 위한 의사소통 능력과 무관한 수의학적 영역이다.